近代物理基础

史旭光 /编

$E=Mc^2$

清华大学出版社
北京

内容简介

本书主要涉及近代和当代物理的理论及其在生物物理学中的应用。近代和当代物理有两大理论，量子力学和相对论。量子力学在诸多领域中有深入的发展。量子力学应用于电磁场形成了量子电动力学，应用于基本粒子方面形成了量子场论，应用于固体物理形成了能带理论。相对论是研究高速、大质量天体乃至宇宙的理论。书中介绍了量子力学，量子场论的基本理论方法，以及在当代实验仪器中的应用。还介绍了狭义相对论和广义相对论。本书可供生物物理专业硕士研究生使用，也可供物理专业高年级本科生参考。

图书在版编目(CIP)数据

近代物理基础/史旭光编. —北京：清华大学出版社，2021.2
ISBN 978-7-302-57525-2

Ⅰ.①近… Ⅱ.①史… Ⅲ.①物理学－高等学校－教材 Ⅳ.①O41

中国版本图书馆 CIP 数据核字(2021)第 025244 号

责任编辑：朱红莲
封面设计：傅瑞学
责任校对：王淑云
责任印制：丛怀宇

出版发行：清华大学出版社
　　网　　址：http://www.tup.com.cn，http://www.wqbook.com
　　地　　址：北京清华大学学研大厦 A 座　　**邮　　编**：100084
　　社 总 机：010-62770175　　**邮　　购**：010-62786544
　　投稿与读者服务：010-62776969，c-service@tup.tsinghua.edu.cn
　　质量反馈：010-62772015，zhiliang@tup.tsinghua.edu.cn
印 装 者：大厂回族自治县彩虹印刷有限公司
经　　销：全国新华书店
开　　本：185mm×260mm　　**印　张**：7.25　　**字　　数**：176 千字
版　　次：2021 年 3 月第 1 版　　**印　　次**：2021 年 3 月第1次印刷
定　　价：28.00 元

产品编号：090283-01

前言

FOREWORD

自2015年起，作者在北京林业大学讲授生物物理专业硕士研究生课程“当代物理”。生物物理专业是交叉学科，该专业硕士研究生多数具有较扎实的生物学知识，物理学的知识相对比较欠缺。“当代物理”这门课程定位于向生物物理的硕士研究生介绍近代的物理学知识和方法，为以后的科研工作打下坚实的基础。

近代物理学所包含内容极其广泛。包括了微观的夸克等基本粒子，到原子、分子的结构，再到星系、宇宙的演化等。考虑到“生物物理”的学时数及学生的基础和专业的特点，我们主要选择了量子力学的基本内容以及量子力学在其他领域的一些应用，另外还选择了相对论和宇宙学、粒子物理标准模型和量子场论的一些基本知识和方法作为课程的内容。在课程中我们也介绍了近现代出现的一些仪器，例如隧道扫描显微镜、X射线衍射仪、光谱仪等。

关于近代和当代物理学发展的书籍很多，比较有名的是清华大学张礼先生出版的《近代物理学进展》。书中涉及了近代和当代物理学的诸多方面，不仅具有广度，同时也具有相当的深度。作者在讲授“当代物理”课程时也经常参考张礼先生的《近代物理学进展》一书。但该书的广度和难度使得将其作为生物物理专业研究生的教材比较困难。一方面是老师讲授困难，另一方面学生学习起来也有难度。

本书的内容选取参考了生物物理专业研究生所用的实验仪器所涉及的近代物理知识。内容的选取贴合生物物理专业研究生的科研需要，难度不大，适合该专业的研究生日常学习和科研参考。

鉴于北京林业大学“当代物理”的课程一直没有合适的教材，因此萌生了为这个课程编写一本适合生物物理专业研究生的教材。2020年疫情期间在家授课，不用通勤奔波，完成了本书。教材中的很多内容参考了前辈和同行们的诸多成果。由于作者水平有限，书中难免有错误和不当之处，希望前辈和同行们多多指正，批评。

本教材的出版得到北京林业大学2020年研究生课程建设项目的资助（项目编号：JCCB2028）。

史旭光

于北京

2020年11月

目录
CONTENTS

量子力学

量子力学和相对论是近代物理学的两大支柱，量子力学和相对论在物理学的各个领域中的快速发展构成了今天精彩纷呈的物理学研究。不仅是物理学各个领域的知识正在迅速地改变着人类对周围世界和宇宙的认识，其研究方法也对其他学科的发展产生着重要的影响，具有重要借鉴作用。

1.1 近代物理学发展史

近代物理学，大体说来，是相对于20世纪以前，以牛顿力学、热力学和麦克斯韦电磁学为核心的经典物理学而言的。近代物理学的研究对象，包括各种聚集态物质的微观结构，原子、原子核、基本粒子等各个层次内部结构以及它们的相互作用和运动变化的规律等。它的两大支柱是相对论和量子力学。

相对论作为现代物理学的一个分支，由狭义相对论和广义相对论组成。相对论主要处理高速(接近光速)和大质量的天体系统。相对论是在20世纪初建立的。在狭义相对论建立之前主要是建立在牛顿绝对时空观上的经典的物理学。随着人们对于电磁现象的认识，尤其是对电磁波的研究深入，光速不变的现象导致了一系列的困难。尤其是迈克耳孙-莫雷实验的“零”结果触发爱因斯坦发现了狭义相对论，狭义相对论主要是处理惯性坐标系。1915年，爱因斯坦使用黎曼几何发现了广义相对论，认为引力效应是时空弯曲的结果。广义相对论主要研究大质量的天体系统乃至整个宇宙，是现代物理的一个重要的理论支柱。

量子力学是现代物理学的另一个分支，其发展过程也比较复杂，大致分三个阶段：第一个阶段是旧量子理论的形成，这一阶段冲破经典物理中所有物理量都是连续的概念。1900年普朗克首次提出了量子假说，成功解释了黑体辐射的曲线。物理学家使用经典的物理理论一直无法很好地在全波段解释黑体辐射的曲线。1905年爱因斯坦提出了光量子理论，给出的光电效应方程成功地解释了光电效应。光量子理论也是电磁辐射能量量子化的理论。1913年，玻尔提出了原子能量的量子化理论。这一阶段主要以解释独立的微观粒子和物理系统的量子现象为主。第二个阶段是量子力学的建立，一种崭新概念的提出。这一阶段预示着一种新的动力学理论的建立。1923年德布罗意根据光既有波动性也有粒子性的理论，将这一理论推广到其他的微观粒子，即微观粒子既具有粒子性也具有波动性。这一理论也

就是粒子的波粒二象性。需要强调的是，粒子性不是传统的粒子。对于传统的粒子我们可以同时确定坐标和动量，进而可以知道其轨道，可以预测未来粒子的位置。波粒二象性中的粒子不能同时确定粒子的坐标和动量，因此粒子没有轨道的概念。波动也不同于传统的机械波，没有实在的物理量在波动，是一种几率波，只能告诉我们粒子在某个地方的概率。根据波粒二象性，人们推测出电子也具有波动性，应该可以观测到衍射的现象。1926 年戴维孙和汤姆孙设计了电子的衍射实验，并观测到了电子的衍射现象。后来人们设计了单电子的衍射实验，同样也观测到了电子的衍射现象。1925 年的海森伯提出了矩阵力学，将力学量看作是矩阵，研究了本征态、本征值等概念。1926 年薛定谔给出了薛定谔方程，标志着量子力学波动方程的建立。波动方程之于量子力学，类似于牛顿第二定律之于牛顿力学。使得人们研究微观粒子世界有了强有力的理论工具。后来人们发现，海森伯的矩阵力学和薛定谔的波动力学是等价的。本质上来说，薛定谔的波动方程是非相对论性的。1928 年狄拉克将薛定谔非相对论性方程推广到相对论性，给出了狄拉克相对论方程。通过解这个方程发现了负能解，认为当负能的系统中如果有一个态被激发成正能态变为电子时，负能的系统中会留下一个空穴，这个空穴与正电子对应，成功地预言了正电子的存在。后来，粒子实验中发现了正电子。正电子与电子是反物质与物质的关系。第三个阶段是量子力学的进一步发展、应用。将量子力学应用到原子、分子等微观粒子系统。将量子力学应用于固体系统中，可以形成能带理论。这是所有半导体工业的理论基础，也形成了物理学的很大的分支——凝聚态物理。将量子力学应用到电磁场中，形成了量子电动力学(QED)，这是目前最为成功和精确的量子理论。将量子力学应用于原子核和粒子的研究中，形成了量子场论。量子色动力学、弦论都可以看作是量子力学的发展和应用。因此，量子力学被看作现代物理的一个重要的理论支柱。

1.2 黑体辐射

20 世纪初，牛顿力学已经相当完备，也解释了很多的物理现象。人们认为认识世界的任务已经完成，只有一些非常复杂的系统还没有得到很好的解释。正在人们欢欣鼓舞的时候，物理晴朗的天空出现了两朵乌云。其中一朵就是黑体辐射的曲线的解释问题。

1. 热辐射

如图 1.1 所示，物体在任何温度下都向周围空间发射各种波长的电磁辐射，称为热辐射。热辐射的能量和电磁波的频率与物体温度有关系。为了描述这一关系，人们可以在物体上划定一定的面积，去研究这一面积上的热辐射。为方便计，可以将这一面积设定为单位面积，然后设计实验研究单位时间从这一单位面积辐射出的电磁波的能量。

图 1.1 热辐射

2. 单色辐出度和总辐出度(总辐射本领)

由于电磁波的波长是连续的,并且波谱非常宽广,所以可以测定单位时间从物体单位面积辐射出波长为 λ 的电磁波的能量,我们把这个能量称为单色辐出度,用 M_λ 表示。其物理意义就是:单位时间内从物体单位表面积发出的波长为 λ 的电磁波的能量,单位是 $J/(m^2 \cdot s)$,或者 W/m^2。单位时间从物体单位表面积上所发射的各种波长的总能量为

$$M(T)=\int_0^{\infty} M_\lambda(T)\mathrm{d}\lambda \tag{1.1}$$

$M(T)$为总辐出度,单位为 W/m^2。

3. 黑体和黑体模型

自然界中存在着各种各样的物体,每一个物体都会向外界辐射热量,为了研究热辐射的一般规律,需要建立一个理想的模型。这个理想模型就是黑体。如果一个物体在任何温度下,都能全部吸收任何波长的入射电磁波而没有反射,这个物体就叫做绝对黑体,简称黑体。黑体所发出的辐射,称为黑体辐射。通过测量黑体辐射出的各个波长电磁波的单色辐出度,以波长为横坐标,以单色辐出度为纵坐标,可以绘制出黑体辐射的辐射曲线,如图 1.2 所示。图中给出了不同温度下黑体辐射的曲线。黑体辐射曲线存在一个极大值,当黑体的温度越高,极大值就越大,极大值所对应的电磁波的波长就越短。如果极大值所对应的波长处于可见光波段,黑体的温度越高,光就越偏蓝和紫色。就如同晚上观测恒星,恒星的表面温度越高,恒星就越偏蓝、偏紫。恒星的表面的温度越低,恒星就越偏红。

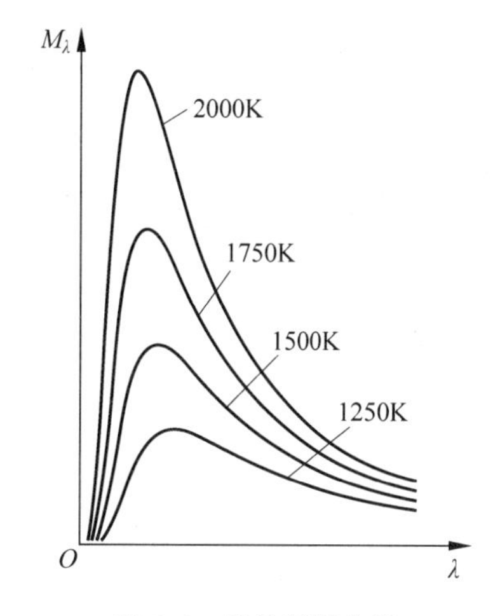

图 1.2 黑体辐射曲线

通过实验,我们得到黑体辐射实验规律。

维恩位移定律:在温度为 T 的黑体辐射中,单色辐出度的最大值所对应的波长 λ_{max} 由下式决定:

$$\lambda_{max}T=b,\quad b=2.898\times10^{-3}\,\mathrm{m\cdot K} \tag{1.2}$$

我们把这个规律称为维恩位移定律。如果将恒星看作黑体,通过这一定律,可以估测太阳的表面温度,对于太阳,$\lambda_{max}=550\mathrm{nm}$,代入式(1.2),得到

$$T=\frac{b}{\lambda_{max}}\approx 5000\mathrm{K} \tag{1.3}$$

式(1.2)也可以用于估算宇宙的温度。可以将宇宙当作黑体,宇宙也会有热辐射,也被称为宇宙微波背景辐射。其中,$\lambda_{max}\approx 1\mathrm{mm}$,那么宇宙温度为

$$T=\frac{b}{\lambda_{max}}\approx 2.8\mathrm{K} \tag{1.4}$$

斯特藩-玻耳兹曼定律:图 1.2 中曲线下方的面积,也就是黑体在一定温度下的总辐

出度,由下式决定:

$$M(T)=\sigma T^{4} \tag{1.5}$$

其中,$\sigma=5.67\times10^{-8}\,\mathrm{W/(m^{2}\cdot K^{4})}$。

为了解释以上黑体辐射的曲线和规律,人们作出了很多的努力。在量子力学建立之前,人们都是从经典物理学出发进行研究的,主要有两方面的探索:一方面是从经典的热力学理论出发,1896 年维恩给出了维恩公式,

$$M_{\nu}(T)=\alpha\nu^{3}\mathrm{e}^{-\beta\nu/T},\quad a,b\ 为常数 \tag{1.6}$$

维恩公式可以很好地描述黑体辐射曲线中短波波段的行为,但是对于长波波段,公式和实验曲线有偏离,如图 1.3 所示,但在全波波段,维恩公式并不能很好地描述黑体辐射的曲线;另一方面,是从经典电动力学和统计物理学出发研究黑体辐射曲线。1900 年瑞利和金斯给出了瑞利-金斯公式,

$$M_{\nu}(T)=\frac{2\pi\nu^{2}}{c^{2}}kT \tag{1.7}$$

式中,

$$k=1.380658\times10^{-23}\,\mathrm{J\cdot K^{-1}}$$

这个公式在长波波段和实验曲线符合得很好,可是在短波波段,理论和实验曲线偏差较大,如图 1.3 所示,理论出现了发散行为。物理学史上,把这一发散称为“紫外灾难”。

综上,不管是从经典的热力学理论出发,还是从经典电动力学和统计物理学出发,都不能很好地描述黑体辐射曲线。经典物理学在处理这一问题时,出现了前所未有的困难,成为“物理学晴朗的天空中飘着的一朵乌云”。

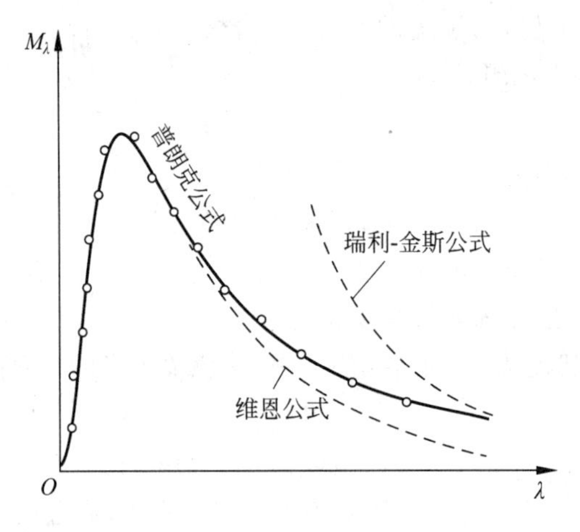

图 1.3　黑体辐射曲线与理论验证

1.3　量子理论

为了解释黑体辐射曲线,普朗克提出了能量子假说。这一假说主要包括以下观点:辐射黑体中存在线性谐振子;线性谐振子在振动时可以向外辐射能量,也可吸收能量;普朗克提出了能量子的概念,普朗克假定,振子的能量不连续,能量是某个基本单位的整数倍,这

个基本单位被称为能量子,用 ε 表示。能量为

$$E = n\varepsilon,\quad n = 1,2,3,\cdots \tag{1.8}$$

能量子的大小与分子、原子振动的频率有关

$$\varepsilon = h\nu \tag{1.9}$$

普朗克并假定物体发射或吸收电磁辐射的能量不是任意的,交换能量的最小单位是"能量子"ε。根据以上假设,普朗克给出了描述黑体辐射的公式,称为普朗克的热辐射公式

$$M_\nu(T) = \frac{2\pi h}{c^2}\frac{\nu^3}{e^{h\nu/kT} - 1} \tag{1.10}$$

其中 h 称为普朗克常数,写为

$$h = 6.63 \times 10^{-34}\,\mathrm{J \cdot s}$$

当电磁波的频率 ν 很大时,普朗克的热辐射公式会转变为维恩公式,有

$$e^{h\nu/kT} - 1 \approx e^{h\nu/kT} \tag{1.11}$$

则

$$M_\nu(T) = \frac{2\pi h\nu^3}{c^2}e^{-h\nu/kT} \tag{1.12}$$

其中若取 $\alpha = \frac{2\pi h}{c^2}$,$\beta = \frac{h}{k}$,上式就和维恩公式完全一样了,可以很好地描述短波波段的行为。当电磁波的频率 ν 很小时,

$$e^{h\nu/kT} - 1 \approx h\nu/kT \tag{1.13}$$

则

$$M_\nu(T) = \frac{2\pi}{c^2}\nu^2 kT \tag{1.14}$$

此即瑞利-金斯公式,可以很好地描述电磁波长波波段的情况。因此,普朗克热辐射公式可以很好地描述全波段的黑体辐射曲线。实验物理学家鲁宾斯(Rubens)把它与最新的实验结果比较发现,在全波段与实验结果惊人符合。

1.4 波粒二象性及不确定关系

人们很久以前对于光是波还是粒子就有争论。光在有些时候表现出粒子性,有些时候表现为波动性。对于光的反射现象,可以用粒子性去解释入射角和反射角相等的性质;光的传播可以用波动理论去解释。牛顿通过三棱镜观测到光的色散后,光是波成为主流观点。随着技术的进步,人们观测到了光电效应。光电效应是当光线照射到一些金属(例如碱金属)上时,金属中的自由电子吸收光的能量,克服金属对其的束缚,从金属中逃逸出来形成电流的现象。电子克服金属的束缚,需要做逸出功。逸出的电子称为光电子,形成的电流称为光电流。光电效应实验装置如图 1.4 所示。实验中电压表 V 测量的是光电管 K 和 A 极之间的电压,检流计 G 测量的是光电流的大小。图 1.4(a)光电管加载的是正向电流,图 1.4(b)光电管加载的是反向电流。

光电效应的实验现象包括:

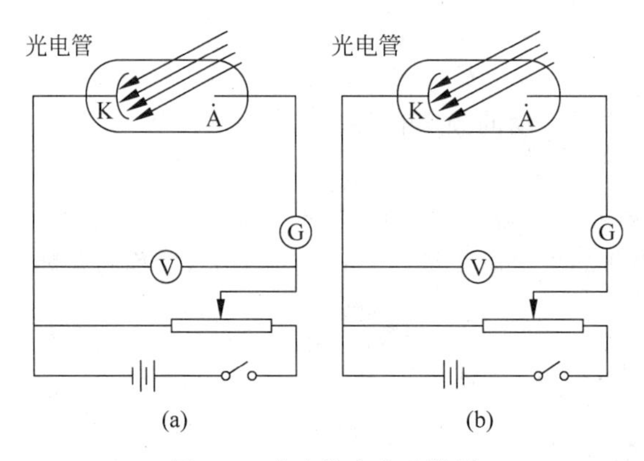

图 1.4　光电效应实验装置

(1) 光电管加正向电压时，存在饱和电流 I_s，如图 1.5(a)所示；光电管加反向电压时，存在截止电压 U_0，如图 1.5(b)所示，并且实验发现截止电压与光电子初动能成正比。

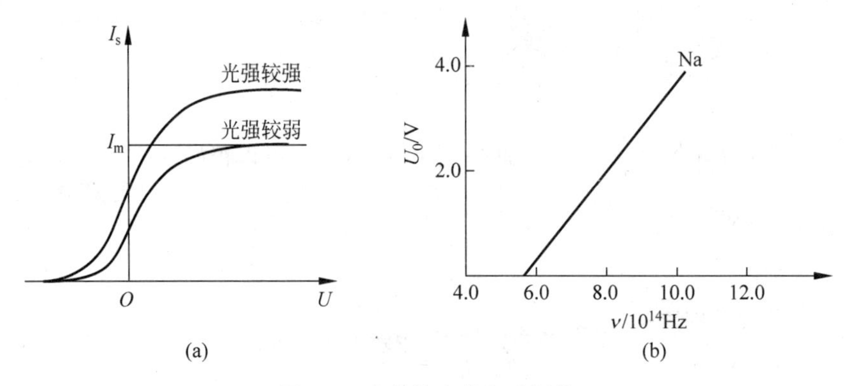

图 1.5　光电效应的实验规律

(2) 存在截止频率，也称红限频率。对于一种金属，只有当光的频率大于截止频率时，才会发生光电效应。如果光的频率小于截止频率，不管光多强，照射金属的时间有多长，都不会发生光电效应。当光的频率大于截止频率时，截止电压与入射光的频率成正比，如图 1.5(b)所示。

(3) 当入射光的频率大于截止频率，不管光线有多弱，发生光电效应是瞬时的，不需要时间积累。我们称之为光电效应的瞬时性，发生光电效应的时间不超过 10^{-9} s。

经典的物理理论很难完全解释光电效应，例如光电效应的发生与光的频率有关，光电效应的瞬时性等。为了解释光电效应，爱因斯坦以普朗克能量子假说为基础，提出了光量子理论，认为光是一个一个光量子(光子)组成的粒子流。每个光子的能量为 $h\nu$，ν 为光的频率。光强决定于单位时间通过单位面积的光子的数目。光的吸收和传播都是量子化的，即每次只能发射或者吸收一个光子，或者光子的整数倍。爱因斯坦还提出了光电效应方程，

$$h\nu = \frac{1}{2}mv_m^2 + A \tag{1.15}$$

若恰好发生光电效应，也就是说 $\frac{1}{2}mv_m^2 = 0$，那么

$$\nu=\frac{A}{h} \tag{1.16}$$

因此存在截止频率。另外，光电子的初动能为$\frac{1}{2}mv_{\mathrm{m}}^{2}$，截止电压为

$$eU_{0}=\frac{1}{2}mv_{\mathrm{m}}^{2} \tag{1.17}$$

截止电压与光电子的初动能成正比。对于光子，我们知道光子的能量 $\varepsilon=h\nu$，光子的动量 $p=\frac{h}{\lambda}$。

光子具有波动性和粒子性，具有波粒二象性，因此，德布罗意提出实物粒子也应具有波粒二象性。微观粒子具有粒子性也具有波动性。粒子的波是物质波，不同于经典的机械波，没有实在物理量的振动。具有粒子性的粒子也不是经典的粒子，不能同时确定粒子的坐标和动量，没有像经典粒子的轨道的概念。粒子的能量和物质波的频率有关，粒子的动量和物质波的波长有关，遵从德布罗意-爱因斯坦关系：

$$\begin{gathered}\varepsilon=h\nu \\ p=\frac{h}{\lambda}\end{gathered} \tag{1.18}$$

在实验中也验证了微观粒子具有波动性，典型的实验就是电子的双缝干涉实验。使用电子束作为光源做双缝干涉实验，在屏幕上可以看到干涉的条纹。不仅如此，如果将电子一个一个打到双缝上，在屏幕上依然可以观测到干涉条纹，如图 1.6 所示。单电子的双缝干涉实验也说明了电子的波动性与机械波的波动性是不同的。

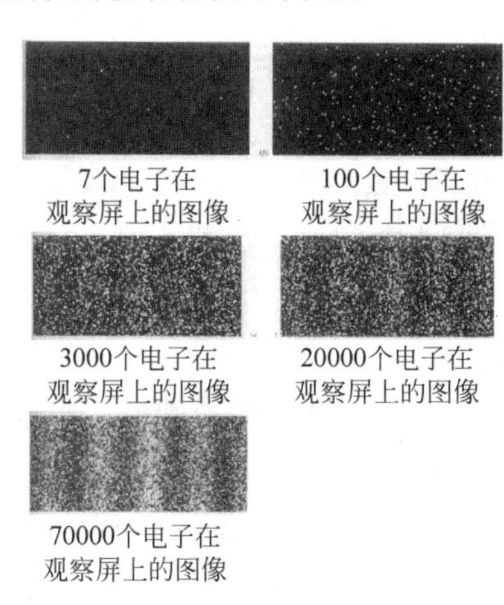

图 1.6 单电子的干涉实验

物质波与机械波不同，物质波的波函数通常写为 $\psi(r,t)$。对于波函数的诠释有多个流派。20 世纪 20 年代初形成了哥本哈根学派，学派中主要有著名物理学家玻尔、玻恩、海森伯、泡利和狄拉克等人。它的发源地是玻尔创立的哥本哈根理论物理研究所。哥本哈根学派对量子现象的解释的基本特征是波粒二象性，定量的表述为海森伯不确定关系，该学派被称为量子力学的“正统解释”。另外以爱因斯坦、薛定谔和德布罗意等人为首对哥本哈根学派提出了质疑，他们被称为哈根学派的反对派。其中爱因斯坦对量子力学的完备性提出了

质疑，经常与以玻尔为首的哥本哈根学派展开论战，是物理学史上的一段佳话。哥本哈根学派认为微观粒子系统的状态可用波函数来描述。玻恩假设：物质波的波函数不代表真实的物理波动，而是代表粒子在空间概率分布的概率波，有时称之为“概率幅”。因此，波函数本身没有特别的意义，有意义的是波函数的模的平方，代表了在某个时间点上，单位体积中粒子出现的概率，也称之为概率密度。概率密度记为

$$|\psi(\boldsymbol{r},t)|^2=\psi^*(\boldsymbol{r},t)\psi(\boldsymbol{r},t) \tag{1.19}$$

粒子出现在某一个体积的概率为

$$P=\int_V|\psi(\boldsymbol{r},t)|^2\mathrm{d}V=\int_V\psi^*(\boldsymbol{r},t)\psi(\boldsymbol{r},t)\mathrm{d}V \tag{1.20}$$

$\mathrm{d}P=|\psi(\boldsymbol{r},t)|^2\mathrm{d}V$ 表示在时刻 t 出现在 $\mathrm{d}V$ 中粒子的概率。因此，在全空间的积分结果为

$$P=\int_V|\psi(\boldsymbol{r},t)|^2\mathrm{d}V=1 \tag{1.21}$$

表示在全空间中必然会找到粒子。波函数还具有以下特点：①波函数是坐标和时间的函数 $\psi(r,t)$。②$\psi(r,t)$具有单值、有限和连续可微的性质。

不确定关系是量子力学奇特的性质。

动量和坐标(没有确定的轨道)

$$\Delta p_x\Delta x\geqslant\frac{\hbar}{2}\cdot\frac{\hbar}{2}=\frac{h}{4\pi} \tag{1.22}$$

时间和能量

$$\Delta E\Delta t\geqslant\hbar/2 \tag{1.23}$$

这样的一对物理量被称为共轭物理量，存在不确定关系。

1.5 量子力学量和力学态

微观粒子系统的每个可观察的力学量 M，在量子力学中都对应着一个厄米算符 $\hat{M}$。厄米算符满足

$$\hat{M}=\hat{M}^+ \tag{1.24}$$

其中 $\hat{M}^+$ 为 $\hat{M}$ 的共轭转置算符。另外厄米算符还满足以下性质：在任何状态下，厄米算符的本征值必为实数；在任何状态下平均值为实数的算符必为厄米算符；厄米算符的属于不同本征值的本征函数彼此正交；厄米算符的本征函数具有完备性。量子力学中典型的力学算符为总能量所对应的算符，即哈密顿算符

$$\hat{H}=-\frac{\hbar^2}{2m}\nabla^2+\hat{V}(x,y,z) \tag{1.25}$$

其中，$\nabla^2=\frac{\partial^2}{\partial x^2}+\frac{\partial^2}{\partial y^2}+\frac{\partial^2}{\partial z^2}$是拉普拉斯算符，$\hat{V}(x,y,z)$是系统的势能算符，$\hat{T}=-\frac{\hbar^2}{2m}\nabla^2$是系统的动能算符。哈密顿算符的本征函数是波函数。如果系统的演化与时间无关，系统的能量不发生变化，总能量算符(哈密顿算符)所对应的本征方程为

$$\hat{H}\psi=E\psi \tag{1.26}$$

其他的力学量也包括动量算符。动量 $\boldsymbol{p}$ 对应的量子力学的算符为

$$\hat{p}=-\mathrm{i}\hbar\nabla \tag{1.27}$$

因此，由于动能定义为 $E_{\mathrm{k}}=\dfrac{\boldsymbol{p}\cdot\boldsymbol{p}}{2m}$，得到量子力学中动能算符为

$$\hat{T}=-\frac{\hbar^2}{2m}\nabla^2 \tag{1.28}$$

角动量 $\boldsymbol{L}=\boldsymbol{r}\times\boldsymbol{p}$

$$\hat{L}=-\mathrm{i}\hbar\left(y\frac{\partial}{\partial z}-z\frac{\partial}{\partial y}\right)\boldsymbol{i}-\mathrm{i}\hbar\left(z\frac{\partial}{\partial x}-x\frac{\partial}{\partial z}\right)\boldsymbol{j}-\mathrm{i}\hbar\left(x\frac{\partial}{\partial y}-y\frac{\partial}{\partial x}\right)\boldsymbol{k} \tag{1.29}$$

角动量算符在直角坐标系的表达比较复杂，通常会把直角坐标中的角动量转化为球坐标系中的角动量，如图1.7所示。这种转换在其他情况下也会使用。直角坐标和球坐标之间的关系为

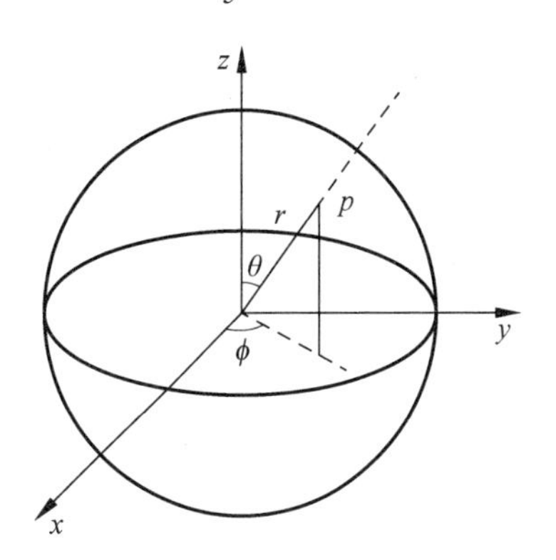

图1.7　球坐标与直角坐标的关系

$$\begin{cases}x=r\sin\theta\cos\phi\\ y=r\sin\theta\sin\phi\\ z=r\cos\theta\end{cases} \tag{1.30}$$

因此

$$\begin{cases}r^2=x^2+y^2+z^2\\ \cos\theta=\dfrac{z}{r}\\ \tan\phi=\dfrac{y}{x}\end{cases} \tag{1.31}$$

对任意的函数 $f=f(r,\theta,\phi)$，有

$$\frac{\partial f}{\partial x_i}=\frac{\partial f}{\partial r}\frac{\partial r}{\partial x_i}+\frac{\partial f}{\partial \theta}\frac{\partial \theta}{\partial x_i}+\frac{\partial f}{\partial \phi}\frac{\partial \phi}{\partial x_i} \tag{1.32}$$

其中 x_i 为 x,y,z。因此

$$\begin{cases}\dfrac{\partial}{\partial x}=\dfrac{\partial}{\partial r}\dfrac{\partial r}{\partial x}+\dfrac{\partial}{\partial \theta}\dfrac{\partial \theta}{\partial x}+\dfrac{\partial}{\partial \phi}\dfrac{\partial \phi}{\partial x}\\ \dfrac{\partial}{\partial y}=\dfrac{\partial}{\partial r}\dfrac{\partial r}{\partial y}+\dfrac{\partial}{\partial \theta}\dfrac{\partial \theta}{\partial y}+\dfrac{\partial}{\partial \phi}\dfrac{\partial \phi}{\partial y}\\ \dfrac{\partial}{\partial z}=\dfrac{\partial}{\partial r}\dfrac{\partial r}{\partial z}+\dfrac{\partial}{\partial \theta}\dfrac{\partial \theta}{\partial z}+\dfrac{\partial}{\partial \phi}\dfrac{\partial \phi}{\partial z}\end{cases} \tag{1.33}$$

由于 $r=(x^2+y^2+z^2)^{\frac{1}{2}}$，因此

$$\frac{\partial r}{\partial x}=\frac{1}{2}\frac{2x}{(x^2+y^2+z^2)^{\frac{1}{2}}}=\frac{x}{r} \tag{1.34}$$

又因为 $x=r\sin\theta\cos\phi$，所以

$$\frac{\partial r}{\partial x}=\frac{x}{r}=\sin\theta\cos\phi \tag{1.35}$$

同理

$$\frac{\partial r}{\partial y}=\frac{y}{r}=\sin\theta\sin\phi \tag{1.36}$$

$$\frac{\partial r}{\partial z}=\frac{z}{r}=\cos\theta \tag{1.37}$$

由于 $x=r\sin\theta\cos\phi$，$\cos\theta=\frac{z}{r}$，有

$$\frac{\partial}{\partial x}(\cos\theta)=\frac{\partial}{\partial x}\left(\frac{z}{r}\right) \tag{1.38}$$

$$-\sin\theta\frac{\partial\theta}{\partial x}=z\left(-\frac{1}{2}\right)(x^2+y^2+z^2)^{-\frac{3}{2}}\cdot 2x=\frac{z}{r}\frac{x}{r}\frac{1}{r} \tag{1.39}$$

所以

$$\sin\theta\frac{\partial\theta}{\partial x}=\frac{\cos\theta\sin\theta\cos\phi}{r} \tag{1.40}$$

因此

$$\frac{\partial\theta}{\partial x}=\frac{\cos\theta\cos\phi}{r} \tag{1.41}$$

同理

$$\frac{\partial\theta}{\partial y}=\frac{\cos\theta\sin\phi}{r} \tag{1.42}$$

$$\frac{\partial\theta}{\partial z}=-\frac{\sin\theta}{r} \tag{1.43}$$

由于 $\tan\phi=\frac{y}{x}$，$z=r\cos\theta$

$$\frac{\partial\tan\phi}{\partial x}=-\frac{y}{x^2}=-\frac{r\sin\theta\sin\phi}{r^2\sin^2\theta\cos^2\phi}=-\frac{\sin\phi}{r\sin\theta\cos^2\phi} \tag{1.44}$$

$$\frac{1}{\cos^2\theta}\frac{\partial\phi}{\partial x}=-\frac{\sin\phi}{r\sin\theta\cos^2\phi} \tag{1.45}$$

所以

$$\frac{\partial\phi}{\partial x}=-\frac{\sin\phi}{r\sin\theta} \tag{1.46}$$

同理

$$\frac{\partial\phi}{\partial y}=\frac{\cos\phi}{r\cos\theta} \tag{1.47}$$

$$\frac{\partial\phi}{\partial z}=0 \tag{1.48}$$

故有

$$\frac{\partial}{\partial x}=\sin\theta\cos\phi\frac{\partial}{\partial r}+\frac{1}{r}\cos\theta\cos\phi\frac{\partial}{\partial\theta}-\frac{1}{r}\frac{\sin\phi}{\cos\theta}\frac{\partial}{\partial\phi} \tag{1.49}$$

$$\frac{\partial}{\partial y}=\sin\theta\sin\phi\frac{\partial}{\partial r}+\frac{1}{r}\cos\theta\sin\phi\frac{\partial}{\partial\theta}+\frac{1}{r}\frac{\cos\phi}{\sin\theta}\frac{\partial}{\partial\phi} \tag{1.50}$$

$$\frac{\partial}{\partial z}=\cos\theta\ \frac{\partial}{\partial r}-\frac{1}{r}\sin\theta\ \frac{\partial}{\partial\theta} \tag{1.51}$$

对于自旋角动量算符则有

$$\hat{L}_x=\mathrm{i}\hbar\left[\sin\phi\ \frac{\partial}{\partial\theta}+\cot\theta\cos\phi\ \frac{\partial}{\partial\phi}\right] \tag{1.52}$$

$$\hat{L}_y=-\mathrm{i}\hbar\left[\cot\phi\ \frac{\partial}{\partial\theta}-\cot\theta\sin\phi\ \frac{\partial}{\partial\phi}\right] \tag{1.53}$$

$$\hat{L}_z=-\mathrm{i}\hbar\frac{\partial}{\partial\phi} \tag{1.54}$$

自旋角动量的平方为

$$\hat{L}^2=-\hbar^2\left[\frac{1}{\sin\theta}\ \frac{\partial}{\partial\theta}\left(\sin\theta\ \frac{\partial}{\partial\theta}\right)+\frac{1}{\sin^2\theta}\ \frac{\partial^2}{\partial\phi^2}\right] \tag{1.55}$$

自旋角动量的本征函数为球谐函数 $Y(\theta,\phi)$，因此

$$\hat{L}^2Y=L^2Y \tag{1.56}$$

或者

$$-\hbar^2\left[\frac{1}{\sin\theta}\ \frac{\partial}{\partial\theta}\left(\sin\theta\ \frac{\partial}{\partial\theta}\right)+\frac{1}{\sin^2\theta}\ \frac{\partial^2}{\partial\phi^2}\right]Y=\lambda\hbar^2Y \tag{1.57}$$

其中 $\lambda=l(l+1)$，为角动量量子数。自旋角动量算符的本征值为$\sqrt{l(l+1)}\hbar$。球谐函数也是自旋角动量 z 方向的分量的本征函数，因此，

$$\hat{L}_zY=m\hbar Y \tag{1.58}$$

$L_z=m\hbar$，m 称作磁量子数。

量子力学中两个力学算符之间的关系一般有：对易、非对易和反对易。若两个力学算符 $\hat{Q}$，$\hat{P}$ 满足如下关系：

$$[\hat{Q},\hat{P}]=0 \tag{1.59}$$

则称两个算符是对易的。

若两算符满足

$$[\hat{Q},\hat{P}]\neq 0 \tag{1.60}$$

则称两个算符是非对易的。

若两算符满足

$$\{\hat{Q},\hat{P}\}=0 \tag{1.61}$$

则称两个算符为反对易的。

设有一量子力学量为 $\hat{Q}$，若波函数满足

$$\hat{Q}\varphi=Q\varphi \tag{1.62}$$

式中 φ 为力学量 $\hat{Q}$ 的本征函数，φ 称为 $\hat{Q}$ 力学态；Q 为本征值。量子力学中态和力学量是两个基本的概念。态是由波函数描述的，力学量是由算符描述的。本征函数具有归一性，即

$$\int\varphi\varphi^*\,\mathrm{d}^3r=1 \tag{1.63}$$

若 $\varphi_1, \varphi_2, \cdots, \varphi_n$ 都是力学量 $\hat{Q}$ 的态函数，满足

$$\hat{Q}\varphi_n = Q_n\varphi_n \tag{1.64}$$

则这些态函数的叠加态也是此力学量的态函数

$$\psi = \sum c_n\varphi_n \tag{1.65}$$

这些态函数也满足正交归一性

$$\int \varphi_n\varphi_m \mathrm{d}^3 r = \delta_{mn} \tag{1.66}$$

其中

$$\delta_{mn} = \begin{cases} 1, & m = n \\ 0, & m \neq n \end{cases} \tag{1.67}$$

当在一定状态下测量某力学量 M 时，可能有不同数值，

$$\hat{M}\varphi_n = M_n\varphi_n \tag{1.68}$$

其统计平均值 $\langle M\rangle$ 表示如下：

$$\langle M\rangle = \frac{\int \psi^* \hat{M}\psi \mathrm{d}\tau}{\int \psi^* \psi \mathrm{d}\tau} = \sum |c_n|^2 M_n \tag{1.69}$$

这一统计平均值也称为力学量的期望值（平均值）。

微观粒子系统的运动方程由薛定谔方程描述，也就是力学态满足薛定谔方程

$$\hat{H}\psi(r,t) = -\frac{\hbar}{\mathrm{i}}\frac{\partial\psi(r,t)}{\partial t} \tag{1.70}$$

1.6 薛定谔方程和一维势阱

微观粒子的运动状态用概率波 $\psi(r,t)$ 描述，即波函数。波函数满足的方程叫做薛定谔方程，即薛定谔方程的解为波函数。自由平面波函数的形式为

$$\psi(x,t) = A\mathrm{e}^{\frac{\mathrm{i}}{\hbar}(\boldsymbol{p}\cdot\boldsymbol{x} - Et)} \tag{1.71}$$

其中：$\boldsymbol{p}$ 为粒子的动量；$\boldsymbol{x}$ 为粒子的坐标，代表 (x,y,z)；E 为粒子的能量。薛定谔方程

$$\hat{H}\psi = \mathrm{i}\hbar\frac{\partial\psi}{\partial t} = \left(-\frac{\hbar^2}{2m}\nabla^2 + \hat{V}\right)\psi \tag{1.72}$$

将自由平面波函数代入薛定谔方程，有

$$\mathrm{i}\hbar\frac{\partial\psi}{\partial t} = E\psi \tag{1.73}$$

$$\left(-\frac{\hbar^2}{2m}\nabla^2 + \hat{V}\right)\psi = \left(\frac{\boldsymbol{p}\cdot\boldsymbol{p}}{2m} + V\right)\psi \tag{1.74}$$

由于 $\frac{\boldsymbol{p}\cdot\boldsymbol{p}}{2m} + V = E$，因此，自由平面波函数满足薛定谔方程。

使用薛定谔方程可以处理微观粒子的问题。例如，一维无限深势阱问题，如图 1.8 所示。

在 $x<0$ 和 $x>a$ 的范围内，势能是无限大，因此粒子不能出现在这个区域里，波函数为零。在 $0<x<a$ 范围内，势能为零，在此区域内方程的具体形式为

$$-\frac{\hbar^2}{2m}\nabla^2\psi=E\psi \tag{1.75}$$

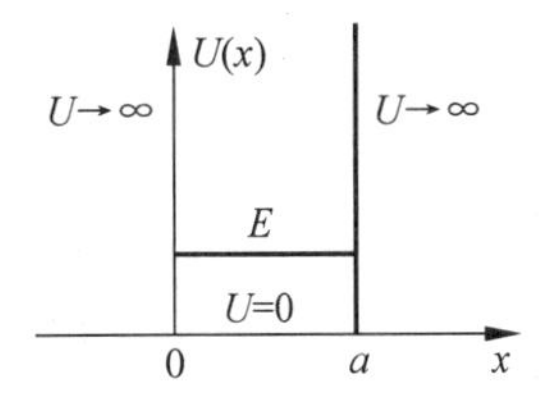

图 1.8 一维无限深势阱

解的形式为

$$\psi(x)=A\cos kx+B\sin kx \tag{1.76}$$

由于波函数具有单值和连续的性质

$$\psi(x)|_{x=0}=\psi(x)|_{x=a}=0 \tag{1.77}$$

因此，波函数具有以下性质：

$$\psi(x)=B\sin kx \tag{1.78}$$

其中，

$$k=\sqrt{\frac{2mE}{\hbar^2}}=\frac{n\pi}{a} \tag{1.79}$$

根据波函数的归一性$\int_{-\infty}^{\infty}\psi^*\psi\mathrm{d}x=1$，有

$$\int_0^a\psi^*\psi\mathrm{d}x=1 \tag{1.80}$$

因此

$$B=\sqrt{\frac{2}{a}}$$

综上，一维无限深势阱的本征函数为

$$\Phi_n(x)=\sqrt{\frac{2}{a}}\sin\frac{n\pi}{a}x\quad(n=1,2,3,\cdots) \tag{1.81}$$

能量本征值为

$$E_n=\frac{\pi^2\hbar^2}{2ma^2}n^2\quad(n=1,2,3,\cdots) \tag{1.82}$$

概率密度为

$$\begin{aligned}P_n&=\psi\psi^*\\&=\frac{2}{a}\sin^2\frac{n\pi}{a}x\quad(n=1,2,3,\cdots)\end{aligned} \tag{1.83}$$

图 1.9 为一维无限深势阱的波函数与概率密度。

将以上过程推广，可以得到箱归一化方法。设平面波函数 $\psi=A\exp\left[\frac{\mathrm{i}}{\hbar}(\boldsymbol{p}\cdot\boldsymbol{r}-Et)\right]$ 在一个箱子里传播，箱子的边长为 L，如图 1.10 所示。

粒子的能量在传输过程中不变，根据波函数的连续性，$\psi|_{x=0}=\psi|_{x=L}$，故在 x 方向上有

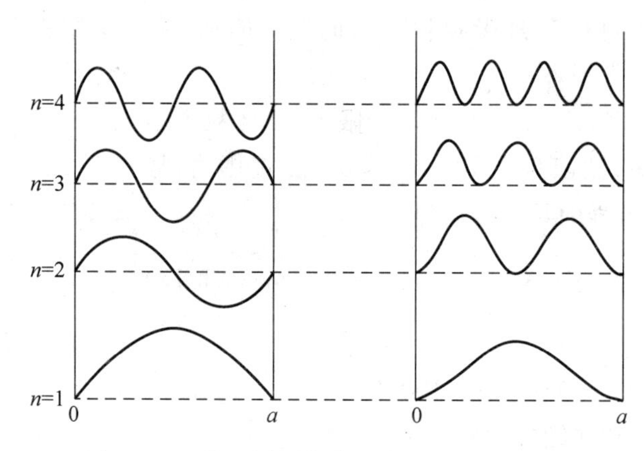

图 1.9 一维无限深势阱的波函数与概率密度

$$A = A\exp\left[\frac{\mathrm{i}}{\hbar}(p_x \cdot L)\right] \tag{1.84}$$

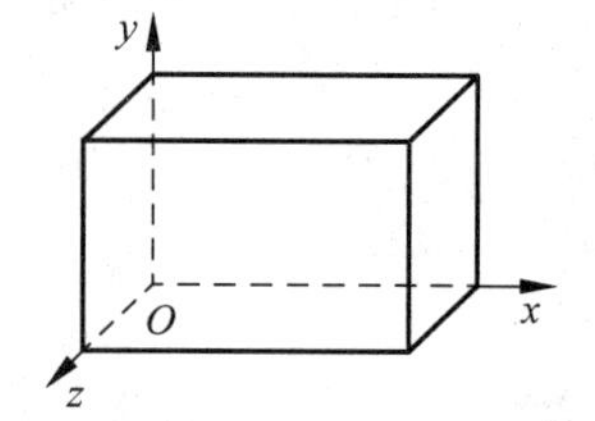

图 1.10 箱归一化

因此

$$p_x L = 2n_x \hbar \tag{1.85}$$

或者 $p_x = \frac{2n_x \hbar}{L}$,其中 n_x 为整数。

对于一个系统,如果有粒子流出系统的边界,系统内部的粒子数会减少,也就是粒子的密度会减少。这一现象可以用连续性方程描述。首先可以计算粒子流,在量子力学中,称之为概率流。根据薛定谔方程,有

$$\mathrm{i}\hbar\frac{\partial\psi}{\partial t}\psi^* = \left(-\frac{\hbar^2}{2m}\nabla^2\psi + V\psi\right)\psi^* \tag{1.86}$$

$$-\mathrm{i}\hbar\frac{\partial\psi^*}{\partial t}\psi = \left(-\frac{\hbar^2}{2m}\nabla^2\psi^* + V\psi^*\right)\psi \tag{1.87}$$

两式相减得到

$$\mathrm{i}\hbar\left(\frac{\partial\psi}{\partial t}\psi^* + \frac{\partial\psi^*}{\partial t}\psi\right) = -\frac{\hbar^2}{2m}\nabla^2\psi\psi^* + \frac{\hbar^2}{2m}\nabla^2\psi^*\psi \tag{1.88}$$

因此得到

$$\mathrm{i}\hbar\frac{\partial(\psi\psi^*)}{\partial t} = -\frac{\hbar^2}{2m}\left[(\nabla(\nabla\psi\psi^*) - (\nabla\psi\,\nabla\psi^*)) - (\nabla(\nabla\psi^*\psi) - (\nabla\psi^*\,\nabla\psi))\right] \tag{1.89}$$

也可以写成

$$\mathrm{i}\hbar\frac{\partial(\psi\psi^*)}{\partial t} = -\frac{\hbar^2}{2m}\nabla\cdot\left[\nabla\psi\psi^* - \nabla\psi^*\psi\right] \tag{1.90}$$

设 $\rho = \psi\psi^*$,另外

$$\boldsymbol{J} = \frac{\mathrm{i}\hbar}{2m}(\Psi\,\nabla\Psi^* - \Psi^*\,\nabla\Psi) \tag{1.91}$$

连续性方程

$$\frac{\partial\rho}{\partial t} + \nabla\cdot\boldsymbol{J} = 0 \tag{1.92}$$

态随时间的演化满足薛定谔方程。当波函数的演化由系统的能量决定时，我们把这样的状态称为定态。在定态上所有力学量的期望值都不随时间变化。

习题

1. 若太阳辐射出可见光中波长为 500nm 的光线携带的能量最多，试估算太阳的表面温度。

2. 试利用爱因斯坦光电方程 $h\nu=\frac{1}{2}mv_{\mathrm{m}}^{2}+A$ 解释光电效应。

3. 求解一维无限深势阱问题。给出基态和激发态的波函数、概率密度和能级。

4. 试推导概率流 $\boldsymbol{J}=\frac{\mathrm{i}\hbar}{2m}(\Psi\nabla\Psi^{*}-\Psi^{*}\nabla\Psi)$。

原子模型与光谱

量子力学的发展促进了人们对于微观世界的了解，这其中就包括了原子结构。在量子力学的基础上，人们认识到原子能级是不连续的。原子的能级是由基态和一系列的激发态构成。原子能级的跃迁可以发射和吸收光子，光子的频率与能级之差密切相关。而这一切促进了光谱学的发展，扩展了人们认识物质世界的手段。

2.1 原子模型

物质是由原子、分子或离子组成的，而原子是由带正电的原子核及绕核运动的电子组成的；电子一方面绕核作轨道运动，一方面本身还有自旋。图2.1给出了铍原子的原子结构图。电子与原子核的电磁相互作用势能函数为

$$V=-\frac{Ze^2}{4\pi\varepsilon_0 r} \tag{2.1}$$

其中 Z 为原子核中正电荷数目。

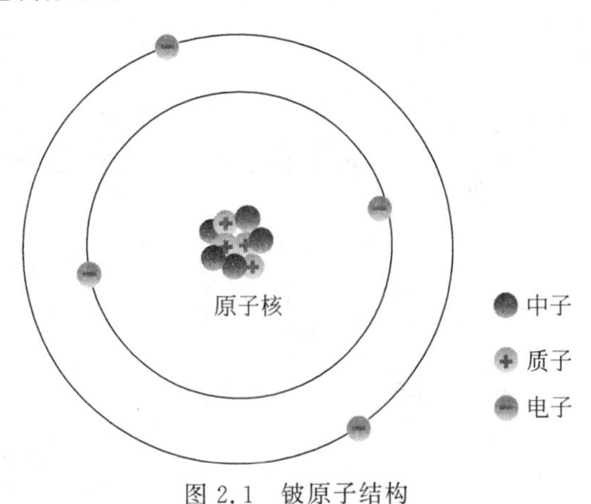

图2.1 铍原子结构

薛定谔方程为

$$\left(-\frac{\hbar^2}{2m}\nabla^2-\frac{Ze^2}{4\pi\varepsilon_0 r}\right)\psi=E\psi \tag{2.2}$$

方程求解，转化为球坐标下的形式，

$$\frac{1}{r^2}\frac{\partial}{\partial r}\left(r^2\frac{\partial\psi}{\partial r}\right)+\frac{1}{r^2\sin\theta}\frac{\partial}{\partial\theta}\left(\sin\frac{\partial\psi}{\partial\theta}\right)+\frac{1}{r^2\sin^2\theta}\frac{\partial^2\psi}{\partial\varphi^2}+$$

$$\frac{8\pi^2 m}{h^2}\left(E+\frac{Ze^2}{4\pi\varepsilon_0 r}\right)\psi=0 \tag{2.3}$$

分离变量法求解

$$\psi(r,\theta,\varphi)=R(r)Y(\theta,\varphi) \tag{2.4}$$

方程变为

$$\frac{1}{r^2}\frac{\mathrm{d}}{\mathrm{d}r}\left(r^2\frac{\mathrm{d}R}{\mathrm{d}r}\right)+\frac{8\pi^2 m}{h^2}\left(E+\frac{e^2}{4\pi\varepsilon_0 r}\right)R=\frac{\lambda}{r^2}R \tag{2.5}$$

$$\frac{1}{\sin\theta}\frac{\mathrm{d}}{\mathrm{d}\theta}\left(\sin\theta\frac{\mathrm{d}\Theta}{\mathrm{d}\theta}\right)+\frac{1}{\sin^2\theta}\frac{\partial^2 Y}{\partial\varphi^2}=-\lambda Y \tag{2.6}$$

$$\frac{\mathrm{d}^2\Phi}{\mathrm{d}\phi^2}+m_l^2\Phi=0 \tag{2.7}$$

其中式(2.6)刚好是轨道角动量的本征方程，Y 是本征函数，λ 为轨道角动量的本征值。根据之前的讨论，本征值为

$$\lambda=l(l+1) \tag{2.8}$$

Y 在数学上称为球谐函数。将 λ 代入第一方程，得到

$$\frac{1}{r^2}\frac{\mathrm{d}}{\mathrm{d}r}\left(r^2\frac{\mathrm{d}R}{\mathrm{d}r}\right)+\frac{8\pi^2 m}{h^2}\left(E+\frac{e^2}{4\pi\varepsilon_0 r}\right)R=\frac{l(l+1)}{r^2}R \tag{2.9}$$

当 $E>0$ 时，对于任意的 E，方程都有满足波函数的条件的解，体系的能量具有连续谱，这时电子可以离开原子核运动到无限远的地方。当 $E<0$ 时，要使方程有满足波函数的条件的解，方程中的 E 必须满足一定的条件，必须取

$$E_n=\frac{1}{n^2}E_1,\quad n=1,2,3,\cdots \text{ 为主量子数} \tag{2.10}$$

$$E_1=-\frac{mZ^2e^4}{8\pi^2\varepsilon_0^2\hbar^2}=-13.6\mathrm{eV} \tag{2.11}$$

这样电子的能量是量子化的。当 $E<0$ 时，我们说系统处于束缚态。n 称为主量子数。方程的解可以用拉盖尔多项式表示，

$$R_{nl}=N_{nl}\mathrm{e}^{-\frac{\rho}{n}}\rho L_{n+l}^{2l+1}(\xi) \tag{2.12}$$

其中 $\xi=\frac{2}{n}\rho,\rho=\frac{zr}{a_0}$。$L_{n+l}^{2l+1}(\xi)$ 称为缔合拉盖尔多项式，表示为

$$L_{n+l}^{2l+1}(\xi)=\frac{\mathrm{d}^{2l+1}}{\mathrm{d}^{2l+1}\xi}L_{n+l}(\xi) \tag{2.13}$$

这里

$$L_{n+l}(\xi)=\mathrm{e}^{\rho}\frac{\mathrm{d}^{2l+1}}{\mathrm{d}^{2l+1}\xi}(\mathrm{e}^{-\rho}\xi^{n+l}) \tag{2.14}$$

解方程(2.6)可以得到，电子绕核运动时的轨道角动量。轨道角动量也是量子化的，为

$$L=\sqrt{l(l+1)}\frac{h}{2\pi},\quad l=0,1,2,\cdots,n-1 \tag{2.15}$$

l 是轨道角量子数。例如，$n=2$ 时，$l=0,1$，相应地，$L=0$，$L=\sqrt{2}\dfrac{h}{2\pi}$。解方程(2.7)，得到轨道角动量是空间量子化的。当氢原子置于外磁场中，角动量 L 在空间取向上只能取一些特定的方向，L 在外磁场方向的投影必须满足量子化条件

$$L_z=m_l\frac{h}{2\pi} \tag{2.16}$$

$$m_l=0,\pm 1,\pm 2,\cdots,\pm l \tag{2.17}$$

式中，m_l 为磁量子数。另外，原子核外的电子是费米子，具有自旋角动量，自旋角动量在空间也是量子化的，自旋角动量在 z 方向上的分量可表示为

$$S_z=m_s\hbar,\quad m_s=\pm\frac{1}{2} \tag{2.18}$$

m_s 为自旋角动量磁量子数，或自旋磁量子数。原子中电子的状态由下列 4 个量子数来确定，即主量子数 n，轨道角量子数 l，磁量子数 m_l 和自旋磁量子数 m_s。

主量子数 n，$n=1,2,3,\cdots$，大体上决定原子中电子的能量值。不同的主量子数表示电子在不同的壳层上运动。这些壳层称为主壳层，不同的主量子数 n 被称为 K、L、M……层，如图 2.2 所示；每个主壳层包括若干子壳层，由轨道角量子数表示。

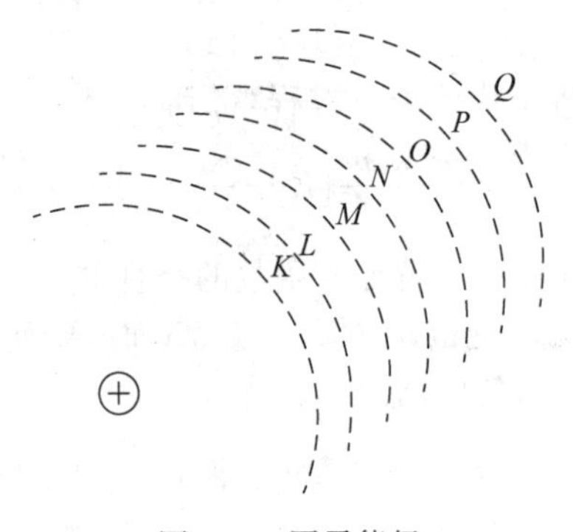

图 2.2 原子能级

轨道角量子数 l，$l=0,1,2,\cdots,n-1$，它表征电子有不同的轨道角动量，这也同电子的能量有关。对 $l=0,1,2,3$ 等的电子顺次用 s，p，d，f 字母表示。

磁量子数 $m_c=0,\pm 1,\pm 2,\cdots,\pm l$，决定轨道角动量在外磁场方向的分量。

自旋磁量子数 $m_s=\pm 1/2$，代表电子自旋方向的取向，也代表电子自旋角动量在外磁场方向的分量。电子在核外还有自旋运动，可用自旋角动量来描述。电子的自旋角动量在特定方向的分量也是量子化的，这一特性可用自旋角动量在 z 轴上的分量表示。

电子具有的量子数不同，表示不同的电子运动状态。电子的能级，依次用 $E_0,E_1,E_2,\cdots,E_n$ 表示。基态为原子处于最低的能级状态；激发态为能量高于基态的其他能级状态。多电子原子中，不可能有两个或两个以上的电子具有完全相同的量子数，这就是泡利不相容原理。根据主量子数，轨道角量子数，磁量子数和自旋磁量子数，对于确定的主量子数 n，计算得到相应主壳层内最多可以占据的电子总数为

$$\sum_{l=0}^{n-1}2(2l+1) \tag{2.19}$$

在某些情况下，在一个能级有两个或两个以上的不同运动状态时，我们把这样的能级称为简并能级。同一能级所对应的不同电子运动状态的数目称之为简并度。图2.3给出了氢原子1s，2p态的简并度。

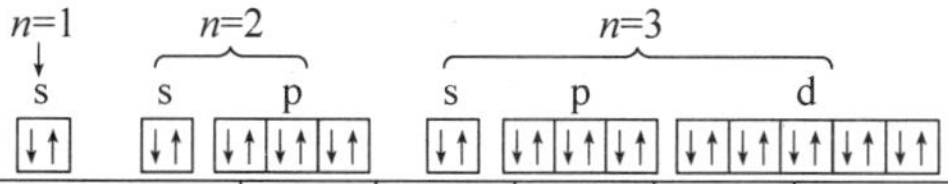

原子状态	n	l	m	s	简并度
1s	1	0	0	±1/2	2
2p	2	1	1 0 −1	±1/2 ±1/2 ±1/2	6

图2.3　氢原子1s，2p态的简并度

根据壳层结构模型，原子核外的电子依照一定规律分布，电子在原子能级上的排布遵从能量最小原理。在原子的系统内，每个电子都趋向于占有最低能级，当原子中电子的能量最小时，整个原子的能量最低，这时原子处于最稳定状态，即基态，此即能量最小原理。电子填充原子壳层时，遵守最小能量原理，即在正常情况下（无外界激发），电子从最低的能级开始填充，再依次填充能量较高的能级。电子数较多的原子不一定严格按上述规则填充，因为电子间的相互作用导致量子数 n 和 l 的竞争；只有原子或离子的电子能级中未充满子壳层的电子（即价电子）才与能级间的辐射跃迁有关。高能态的原子总是倾向于过渡到低能级状态以便更加稳定。当原子发射或吸收光子从而使原子造成能级间跃迁的现象称为辐射跃迁。辐射跃迁发射和吸收光子的能量符合

$$\varepsilon = h\nu = E_2 - E_1 \tag{2.20}$$

原子转移能量还有其他的方式，原子在不同能级跃迁时并不伴随光子的发射和吸收，而是把多余的能量传给了别的原子或吸收别的原子传给它的能量，称为非辐射跃迁。

2.2 光谱

电子由高能级向低能级跃迁会发射光子，光子的频率与高低能级之差有关，因此就形成光谱线，我们把这样的光谱称为发射光谱。发射光谱能够反映原子中电子排布的详细信息。因此，通过观察发射光谱可以确定原子的种类，进而可以确定物质的组成成分。通过光谱进行定量的观测已经是现代检测技术的重要手段。以氢原子为例，根据式(2.10)可以得到

$$\frac{1}{\lambda} = \frac{E_1}{hc}\left(\frac{1}{m^2} - \frac{1}{n^2}\right) \tag{2.21}$$

其中 $E_1 = 13.6\text{eV}$，因此，光子的波数 σ 为

$$\sigma = \frac{1}{\lambda} = R\left(\frac{1}{m^2} - \frac{1}{n^2}\right) \tag{2.22}$$

里德伯常量 $R = 1.097 \times 10^7 \text{m}^{-1}$。图2.4所示为氢原子的光谱线与能级。

实验测得的谱线都有宽度，而不是一条“线”。谱线强度下降到一半时相应的两个频率之间的间隔，称半峰宽度，简称半峰宽，用FWHM(full width at half maxima)表示(图2.5)。

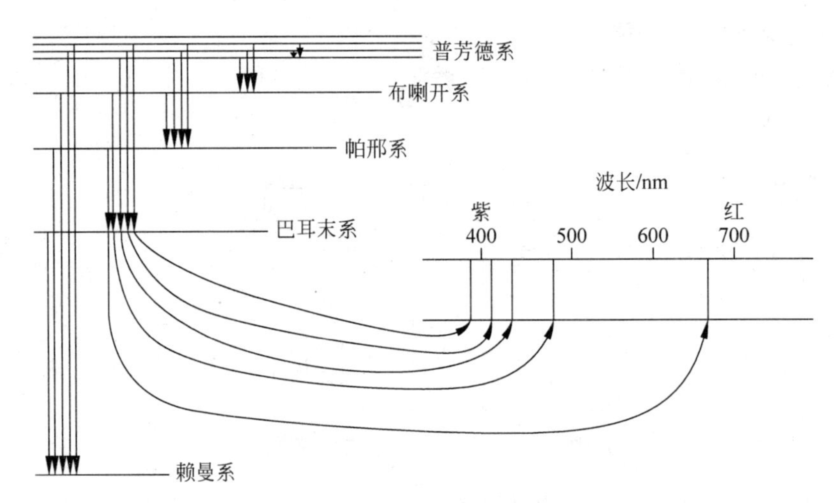

图 2.4　氢原子光谱线与能级

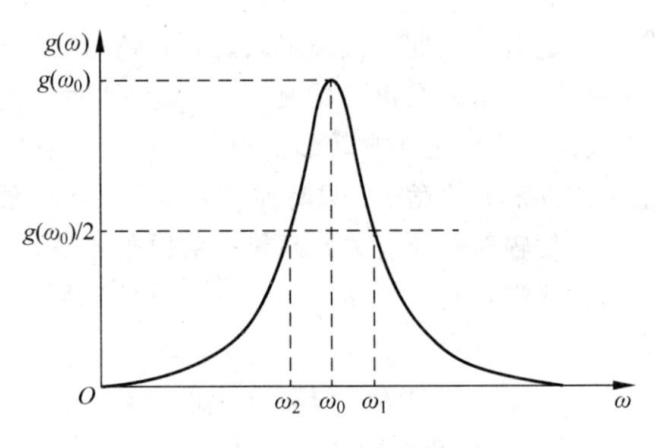

图 2.5　光谱的带宽

造成谱线有宽度的原因较多，原子内部电子与原子核形成电偶极子，电偶极子振荡发射电磁波而自身能量耗散，形成自然线宽。由于发光原子相对于观察者（检测器）运动而产生的一种光波频移现象，形成多普勒展宽。这一线宽与热平衡下气体分子的速度服从麦克斯韦分布有关。由于原子间相互作用而导致谱线展宽，形成碰撞加宽。光与物质相互作用引起物质内部原子及分子能级间的电子跃迁，使物质对光的吸收、发射、散射等在波长及强度信息上发生变化，而检测并处理这类变化的仪器称为光谱仪。

光谱仪是观测光谱谱线的仪器。其基本功能是将复色光在空间上按照不同的波长分离/延展开来，配合各种光电仪器等附件得到波长成分及各波长成分的强度等原始信息以供后续处理分析使用。光谱仪可以分为两大类：经典光谱仪器和新型光谱仪器。经典光谱仪器是利用空间色散（光栅）原理制造的光谱仪器，都是狭缝光谱仪器（图 2.6）。新型光谱仪器是建立在调制原理上的仪器。调制光谱仪是非空间分光的，它采用圆孔进光。

光谱仪的工作过程是：当一束复合光线进入单色仪的入射狭缝，首先由光学准直镜汇聚成平行光，再通过衍射光栅色散为分开的波长（颜色）。利用每个波长离开光栅的角度不同，由聚焦反射镜再成像出射狭缝。通过电脑控制可精确地改变出射波长。

光谱仪有如下一些重要的参数。

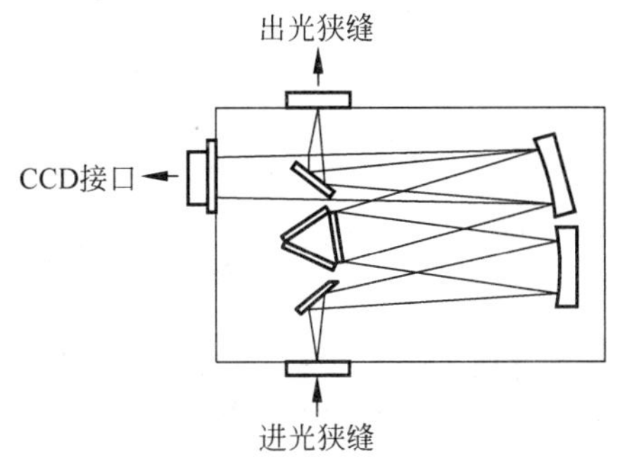

图 2.6　光谱仪的结构

分辨率：光栅光谱仪的分辨率 R 是分开两条临近谱线能力的度量，根据罗兰判据为

$$R=\frac{\lambda}{\Delta\lambda} \tag{2.23}$$

色散：光栅光谱仪的色散决定其分开波长的能力。

带宽：忽略光学像差、衍射、扫描方法、探测器像素宽度、狭缝高度和照明均匀性等，在给定波长条件下，从光谱仪输出的波长宽度。它是倒线色散和狭缝宽度的乘积。

波长精度：是光谱仪确定波长的刻度等级。

重复性：光谱仪返回原波长的能力。这体现了波长驱动机械和整个仪器的稳定性。

波长准确度：光谱仪设定波长与实际波长的差值。

反应光通过率(f/D)：焦距(f)与光谱仪内有效光学元件最小通光孔径(D)的比值。

除了有发射光谱外，还有吸收光谱。当辐射通过气态、液态或透明的固态物质时，物质的原子、离子或分子将吸收与其内能变化相对应的频率辐射，由低能态或基态过渡到较高的能态。这种由于物质对辐射的选择性吸收而得到的光谱，称为吸收光谱，常为一些暗线或暗带。原子吸收特定的光线，会形成原子吸收光谱分析(AAS)。分子吸收特定的光线，会形成紫外可见光度分析(UV-Vis)。分子吸收光谱包括红外光谱分析(IR)及拉曼(Raman)光谱。如果原子核吸收特定的光线，会形成核磁共振光谱(NMR)。

习题

1. 用分离变量法处理描述原子的薛定谔方程 $\left(-\frac{\hbar^2}{2m}\nabla^2-\frac{Ze^2}{4\pi\varepsilon_0 r}\right)\psi=E\psi$。
2. 描述原子的量子状态有哪些量子数？分别表示什么意义？
3. 什么是原子的简并能级？什么是简并度？原子的 1s 状态的简并度是多少？
4. 电子的跃迁过程中吸收或者放出光子满足什么样的规则？
5. 光谱线分为哪两种？有什么区别？
6. 造成谱线有一定宽度的原因有哪些？
7. 光谱仪中有哪些重要的参数？

扫描探针显微镜

20世纪之前,人们探索微观世界的主要手段是显微镜。人们对微观世界研究的深入,要求观测的分辨率不断提高。然而,光学仪器的分辨率受到可见光波长和衍射规律的影响,不可能无限制地提高。随着量子力学的发展,人们认识到波粒二象性和隧道效应等一系列新奇的量子性质,为发明新的探测手段奠定了基础。其中利用量子隧穿效应制成的扫描探针显微镜就是一类重要的探测技术。

3.1 隧道效应

传统的光学显微镜可以使得人们看到肉眼无法看到的微观世界的图像。光学显微镜的成像本质上是光源的圆孔衍射现象。因此光学分辨率与圆孔衍射的艾里斑的角半径有关。艾里斑的角半径为

$$\theta_0 = 1.22\frac{\lambda}{D} \tag{3.1}$$

其中,λ 为光源的波长,D 为显微镜的通光孔径。艾里斑的角半径越小,相同距离上可以分辨的物体的几何尺寸越小。为了得到较小的艾里斑的角半径需要减小可见光的波长和增大通光孔径。而显微镜的分辨率是角半径的倒数

$$R = \frac{1}{\theta_0} = \frac{D}{1.22\lambda} \tag{3.2}$$

分辨角越小其分辨率越高,同等距离上可以分辨更小的物体。但是对于光学显微镜来说,光源的波长不能无限减小,通光孔径也不能无限增加。光学显微镜的分辨率不可能无限提高,存在一个上限。随着科学技术的发展,20世纪80年代初发展起来的一类新型的表面研究新技术,得到了比光学显微镜更高分辨率的物质表面图像。其原理是利用探针与表面原子的不同种类的局域相互作用来测量原子结构和电子结构。这一类探测技术称为扫描探针显微镜(scanning probe microscope,SPM),包括了扫描隧道显微镜、原子力显微镜等。

图3.1(a)为扫描探针显微镜的结构,图3.1(b)为扫描探针显微镜获取的部分高分辨图像,左为Pt(001)面的原子排列结构,右为Si(111)−(7×7)原子再构图像。

这些新的探测技术的原理是量子力学中的隧道效应。隧道效应的一个显著特点是当粒子的能量小于势垒的高度时,依然有一定的概率穿过势垒。如图 3.2 所示,是一个一维方形势垒的情况,势垒的高度为 U_0,势垒的宽度为 a。势垒存在于 $0<x<a$ 的区域 2。

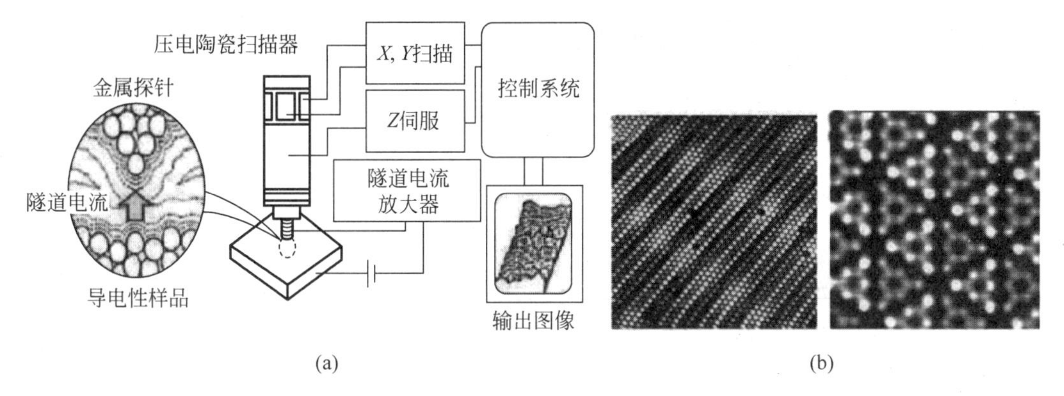

图 3.1 扫描探针显微镜

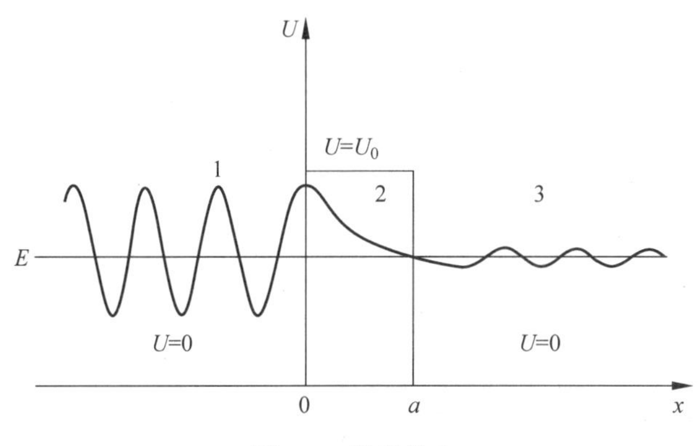

图 3.2 隧道效应

在 $x<0$ 和 $x>a$ 的区域 1 和区域 3,势垒的高度为零,粒子可以自由运动。粒子从左侧射入,遇到势垒后,会反射。因此在 $x<0$ 的区域 1,既有右行入射波,也有左行反射波。在势垒中,当粒子传播到 $x=a$ 处时,也会反射。因此在势垒中既有右行的入射波,也有左行的反射波。在 $x>a$ 的区域 3,粒子向右传播,只有右行波。建立相应的薛定谔方程,可以求解波函数。区域 1 的薛定谔方程为

$$-\frac{\hbar^2}{2m}\nabla^2\psi = E\psi \tag{3.3}$$

波函数为

$$\psi_1 = A\mathrm{e}^{\mathrm{i}k_1 x} + A'\mathrm{e}^{-\mathrm{i}k_1 x} \tag{3.4}$$

此处 $k_1 = \frac{\sqrt{2mE}}{\hbar}$。

区域 2 的薛定谔方程为

$$-\frac{\hbar^2}{2m}\nabla^2\psi + U\psi = E\psi \tag{3.5}$$

波函数为

$$\psi_2 = B\mathrm{e}^{\mathrm{i}k_2x} + B'\mathrm{e}^{-\mathrm{i}k_2x} \tag{3.6}$$

其中，$k_2 = \frac{\sqrt{2m(E-U)}}{\hbar}$。

区域 3 的薛定谔方程为

$$-\frac{\hbar^2}{2m}\nabla^2\psi = E\psi \tag{3.7}$$

波函数为

$$\psi_3 = C\mathrm{e}^{\mathrm{i}k_3x} \tag{3.8}$$

其中，$k_3 = \frac{\sqrt{2mE}}{\hbar} = k_1$。根据波函数的连续性有

$$\psi_1|_{x=0} = \psi_2|_{x=0} \tag{3.9}$$

$$\left.\frac{\mathrm{d}\psi_1}{\mathrm{d}t}\right|_{x=0} = \left.\frac{\mathrm{d}\psi_2}{\mathrm{d}t}\right|_{x=0} \tag{3.10}$$

$$\psi_2|_{x=a} = \psi_3|_{x=a} \tag{3.11}$$

$$\left.\frac{\mathrm{d}\psi_2}{\mathrm{d}x}\right|_{x=a} = \left.\frac{\mathrm{d}\psi_3}{\mathrm{d}x}\right|_{x=a} \tag{3.12}$$

因此

$$A + A' = B + B' \tag{3.13}$$

$$k_1A - k_1A' = k_2B - k_2B' \tag{3.14}$$

$$B\mathrm{e}^{\mathrm{i}k_2a} + B'\mathrm{e}^{-\mathrm{i}k_2a} = C\mathrm{e}^{\mathrm{i}k_3a} \tag{3.15}$$

$$k_2B\mathrm{e}^{\mathrm{i}k_2a} - k_2B'\mathrm{e}^{-\mathrm{i}k_2a} = k_3C\mathrm{e}^{\mathrm{i}k_3a} \tag{3.16}$$

当 $E-V>0$ 时，联立求得

$$C = \frac{4k_1k_2\mathrm{e}^{-\mathrm{i}k_1a}}{(k_1+k_2)^2\mathrm{e}^{-\mathrm{i}k_2a} - (k_1-k_2)^2\mathrm{e}^{-\mathrm{i}k_2a}}A \tag{3.17}$$

$$A' = \frac{2i(k_1^2-k_2^2)\sin k_2a}{(k_1-k_2)^2\mathrm{e}^{\mathrm{i}k_2a} - (k_1+k_2)^2\mathrm{e}^{-\mathrm{i}k_2a}}A \tag{3.18}$$

根据概率流的定义

$$\boldsymbol{J} = \frac{\mathrm{i}\hbar}{2m}(\Psi\nabla\Psi^* - \Psi^*\nabla\Psi) \tag{3.19}$$

得到

$$\boldsymbol{J}_1 = \frac{\hbar k_1}{m}|A|^2\boldsymbol{e} - \frac{\hbar k_1}{m}|A'|^2\boldsymbol{e} = \boldsymbol{J}_i + \boldsymbol{J}_R \tag{3.20}$$

$$\boldsymbol{J}_2 = \frac{\hbar k_2}{m}|B|^2\boldsymbol{e} - \frac{\hbar k_2}{m}|B'|^2\boldsymbol{e} \tag{3.21}$$

$$\boldsymbol{J}_3 = \frac{\hbar k_2}{m}|C|^2\boldsymbol{e} \tag{3.22}$$

定义反射系数为

$$R=\frac{|\boldsymbol{J}_R|}{|\boldsymbol{J}_i|}=\frac{|A'|^2}{|A|^2}=\frac{(k_1^2-k_2^2)\sin k_2 a}{(k_1-k_2)^2\sin^2 k_2 a+4k_1^2k_2^2} \tag{3.23}$$

定义透射系数为

$$D=\frac{|\boldsymbol{J}_3|}{|\boldsymbol{J}_i|}=\frac{|C|^2}{|A|^2}=\frac{4k_1^2k_2^2}{(k_1-k_2)^2\sin^2 k_2 a+4k_1^2k_2^2} \tag{3.24}$$

因此，当 $E-V>0$ 时，粒子可以穿过势垒，继续向右传播。

当 $E-V<0$ 时，设 $k_2=\mathrm{i}\tilde{k}_2=\mathrm{i}\frac{\sqrt{2m(U-E)}}{\hbar}$

联立求得

$$C=\frac{2\mathrm{i}k_1\tilde{k}_2\mathrm{e}^{-\mathrm{i}k_1 a}}{(k_1-\tilde{k}_2)^2\mathrm{sh}\tilde{k}_2 a+2\mathrm{i}k_1\tilde{k}_2\mathrm{ch}\tilde{k}_2 a}A \tag{3.25}$$

其中，$\mathrm{sh}x=\frac{\mathrm{e}^x-\mathrm{e}^{-x}}{2}$，$\mathrm{ch}x=\frac{\mathrm{e}^x+\mathrm{e}^{-x}}{2}$。因此，透射系数为

$$D=\frac{|\boldsymbol{J}_3|}{|\boldsymbol{J}_i|}=\frac{|C|^2}{|A|^2}=\frac{4k_1^2\tilde{k}_2^2}{(k_1+k_2)^2\mathrm{sh}^2\tilde{k}_2 a+4k_1^2\tilde{k}_2^2} \tag{3.26}$$

此式利用了 $\mathrm{ch}^2x-\mathrm{sh}^2x=1$ 的性质。如果粒子的能量比势垒高度小很多，即 $E\ll U_0$，同时势垒的宽度 a 不太小，导致 $\tilde{k}_2 a\gg 1$，则 $\mathrm{e}^{\tilde{k}_2 a}\gg\mathrm{e}^{-\tilde{k}_2 a}$，于是有 $\mathrm{sh}\tilde{k}_2 a\approx\frac{\mathrm{e}^{\tilde{k}_2 a}}{2}$，最后透射系数为

$$D=\frac{4}{\frac{1}{4}\left(\frac{k_1}{\tilde{k}_2}+\frac{\tilde{k}_2}{k_1}\right)^2\mathrm{e}^{2\tilde{k}_2 a}+4} \tag{3.27}$$

因此，即使当粒子的能量小于势垒的高度时，粒子也有一定的概率穿过势垒继续向右传播。扫描探针技术就是利用了这一性质。扫描探针技术使用的粒子就是电子。在探针与样品之间是绝缘区，相当于是势垒。尽管电子的能量低于势垒的高度，电子依然有一定的概率穿过势垒。对于 $\tilde{k}_2 a\gg 1$ 时，$\mathrm{e}^{2\tilde{k}_2 a}\gg 4$，所以当 $\tilde{k}_2 a$ 足够大的时候，有

$$D=D_0\mathrm{e}^{-2\tilde{k}_2 a}=D_0\mathrm{e}^{-\frac{2}{\hbar}\sqrt{2m(U-E)}a} \tag{3.28}$$

其中 $D_0=\frac{16k_1^2\tilde{k}_2^2}{\frac{1}{4}(k_1^2+k_2^2)^2}$。对于任意形状的势垒，可以把式(3.28)推广为

$$D=D_0\mathrm{e}^{-2\tilde{k}_2 a}=D_0\mathrm{e}^{-\frac{2}{\hbar}\int_{x_1}^{x_2}\sqrt{2m(U-E)}\mathrm{d}x} \tag{3.29}$$

因此，我们发现穿过势垒的电流与势垒的宽度和势垒的几何形状有关系。利用这一性质可以制成扫描探针显微镜。

3.2 扫描隧道显微镜

扫描隧道显微镜(scanning tunneling microscope，STM)作为一种扫描探针显微术工具，可以用来观察和定位单个原子。此外，扫描隧道显微镜在低温(4K)下可以利用探针尖

端精确操纵原子,因此它在纳米科技领域既是重要的测量工具又是加工工具。利用针尖和表面间的电流随间距的变化,获得了原子级的分辨率。图 3.3 给出了扫描隧道显微镜的结构,基本结构包括:隧道针尖、三维扫描控制器、减震系统、电子学控制系统、软件控制系统。核心部件探头安装于 STM 主体箱内。

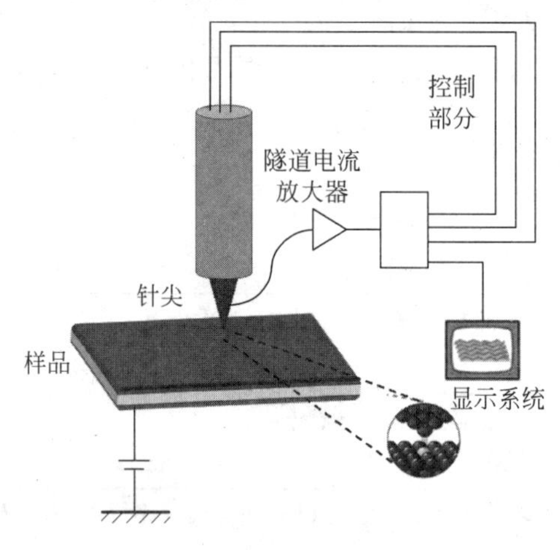

图 3.3 扫描隧道显微镜结构

隧道针尖是扫描隧道显微镜的重要部分。针尖的宏观结构应使得针尖具有高的弯曲共振频率,减少相位滞后,提高采集速度。如果针尖的尖端只有一个稳定的原子,那么隧道电流就会稳定,能够获得原子级分辨率的图像。理想的针尖不是细长,而是锥形的。尖端最好为一个稳定的原子。针尖的化学纯度高,就不会涉及系列势垒。虽然 STM 已有 20 年的历史,重复获得具有原子级分辨率的针尖仍是一个没有完全解决的问题。制备针尖的材料主要有金属钨丝、铂-铱合金丝等。钨针尖的制备常用电化学腐蚀法。钨针尖具有较好的刚性,缺点是易被氧化,要想获得高分辨成像需要进行适当的处理。新制作的钨针尖在空气中可使用数小时到十几小时。而铂-铱合金针尖则多用简单的机械成型法制备,一般直接用剪刀剪切而成,缺点是重复性差。不论哪一种针尖,其表面往往覆盖着一层氧化层,或吸附一定的杂质,这经常是造成隧道电流不稳、噪声大和扫描隧道显微镜图像不可预期性的原因。因此,每次实验前,都要对针尖进行处理,一般用化学法清洗,去除表面的氧化层及杂质,保证针尖具有良好的导电性。

三维扫描控制器是探测器的控制部分。由于仪器中要控制针尖在样品表面进行高精度的扫描,用普通机械的控制是很难达到这一要求的。在 x,y,z 方向的扫描控制是通过压电陶瓷元件(锆钛酸铅)。压电陶瓷能简单地将 1mV~1000V 的电信号转换成十分之一纳米到数微米的机械位移,符合 STM 三维扫描控制精度的要求。三维扫描控制器包括三脚架型、单管型和十字架配合单管型。三维扫描控制器的扫描范围至少为 $1\mu m\times1\mu m$。控制精度应该达到 0.1nm。在 z 轴方向的伸缩范围至少为 $1\mu m$,精度为 0.001nm。以上是达到原子级分辨率的基本要求。在三维扫描控制器的控制下,在 z 方向上机械调节精度要高于 0.1mm,机械调节范围应大于 1mm。这一条件保证了快速方便地将样品和针尖的距离调至能产生隧道电流的距离,并不会与样品直接接触,不影响更换样品针尖和处理样品。既具有较大的扫描范围,能对样品的全貌有所了解,又能在原子级分辨率水平上对样品的某些特定的区域进行精细扫描。用一个三维扫描控制器难以同时具有这两种功能，通常是更换不同的控制器来做到这一点。

减震系统保证系统工作不受外界振动等干扰。由于仪器工作时针尖与样品的间距一般小于 1nm，同时隧道电流与隧道间隙呈指数关系，因此任何微小的振动都会对仪器的稳定性产生影响。振动引起的隧道间距必须小于 0.001nm。必须隔绝两种类型的扰动：振动和冲击。其中振动隔绝是最主要的，振动隔绝主要从考虑外界振动的频率与仪器的固有频率入手。常用的三种减震系统包括：悬挂弹簧、平板-弹性体堆垛系统、冲气平台。悬挂弹簧是最为有效的振动隔离系统。若 STM 刚性足够，单级弹簧即可。如果 STM 单元刚性不够需要二级悬挂弹簧并具有涡流阻尼的振动隔离系统，缺点是尺寸大。平板-弹性体堆垛系统首先用于袖珍 STM。小尺寸使得共振频率在 10Hz 左右，对高频有效需要另外的悬挂弹簧。冲气平台用于光学工作平台。典型的固有频率为 1～1.2Hz。某些系统提供有效的振动隔离仅限于垂直方向，也有水平方向的。缺点是体积庞大，相当笨重。

电子学控制系统 电子学控制部分用于产生隧道电流并维持其恒定，控制针尖扫描。扫描隧道显微镜是一个纳米级的随动系统，电子学控制系统也是一个重要的部分。电子学控制系统用计算机控制步进电机的驱动，使探针逼近样品，进入隧道区，而后要不断采集隧道电流，在恒电流模式中还要将隧道电流与设定值相比较，再通过反馈系统控制探针的进与退，从而保持隧道电流的稳定。其核心是高精度、增益的反馈系统。

软件控制系统 软件控制系统控制各个系统运动、收集、存储、处理获得信息和图像。在线扫描控制有以下几个部分：

电流设定：恒电流模式中要保持的恒定电流，也代表着恒电流扫描过程中针尖与样品表面之间的恒定距离。

针尖偏压：指加在针尖和样品之间、用于产生隧道电流的电压真实值。这一数值设定越大，针尖和样品之间越容易产生隧道电流。恒电流模式中保持的恒定距离越小；恒高度扫描模式中产生的隧道电流也越大。针尖偏压值一般设定在 50～100mV。

z 电压：在三维扫描控制器中压电陶瓷材料上的真实电压。z 电压的初始值决定了压电陶瓷的初始状态，随着扫描的进行，这一数值要发生变化。z 电压在探针远离样品时的初始值一般设定在－150.0～－200.0mV。

采集目标：包括“高度”和“隧道电流”两个选项，选择扫描时采集的是样品表面高度变化的信息还是隧道电流变化的信息。

输出方式：决定了将采集到的数据显示成为图像还是显示成为曲线。

扫描速度：控制探针扫描时的延迟时间，该值越小，扫描越快。

角度走向：指探针水平移动的偏转方向，改变角度的数值，会使扫描得到的图像发生旋转。

尺寸：设置探针扫描区域的大小。

中心偏移：指扫描的起始位置与样品和针尖刚放好时的偏移距离。

工作模式：决定扫描模式是恒电流模式还是恒高度模式。

离线数据分析软件具有以下功能：

平滑：平滑的主要作用是使图像中的高低变化趋于平缓，消除数据点发生突变的情况。

滤波：滤波的基本作用是可将一系列数据中过高的削低，过低的填平。

傅里叶变换：快速傅里叶变换对于研究原子图像的周期性很有效。

图像反转：将图像进行黑白反转，会带来意想不到的视觉效果。

数据统计：用统计学的方式对图像数据进行统计分析。

三维生成：根据扫描所得的表面型貌的二维图像，生成直观美丽的三维图像。

扫描隧道显微镜的工作模式有两种：恒高度模式和恒电流模式，如图 3.4 所示。

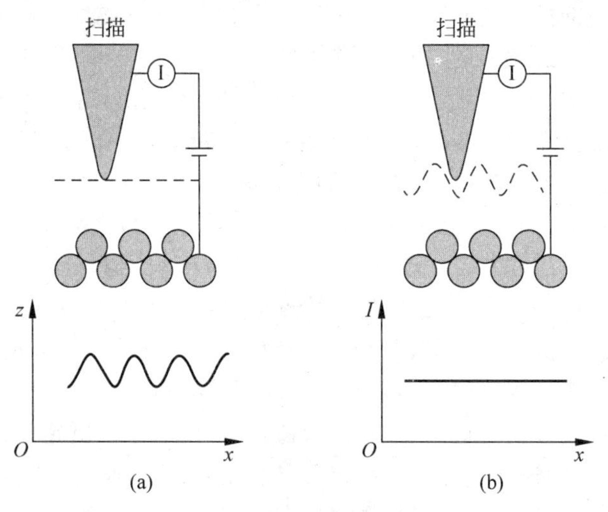

图 3.4　扫描隧道显微镜的工作模式

(a) 恒高度模式；(b) 恒电流模式

恒高度模式是保持探针与样品的表面的距离不变，当探针在样品表面移动时，隧道电流会随探针的位置变化而变化。通过隧道电流的大小就可以了解样品表面的形态，重建样品的表面结构。恒电流模式是探针在样品表面移动时，不断调节探针的上下位置，保持隧道电流不变。通过探针的上下位置就可以了解样品的表面形态，重建样品的表面结构。不管是恒高度模式还是恒电流模式，其优点都是具有原子级高分辨率，STM 在平行于样品表面方向上的分辨率可达 0.01nm。可实时得到实空间中样品表面的三维图像。可以观察单个原子层的局部表面结构。可在真空、大气、常温等不同环境下工作，样品甚至可浸在水和其他溶液中。配合扫描隧道谱(scanning tunneling spectroscopy，STS)可以得到有关表面电子结构的信息。甚至可以利用 STM 针尖，可实现对原子和分子的移动和操纵。但是扫描隧道显微镜也有局限性。STM 的恒电流工作模式下，有时它对样品表面微粒之间的某些沟槽不能够准确探测，与此相关的分辨率较差。在恒高度工作模式下，从原理上这种局限性会有所改善。但只有采用非常尖锐的探针，其针尖半径应远小于粒子之间的距离，才能避免这种缺陷。在观测超细金属微粒扩散时，这一点显得尤为重要。另外，最为重要的是 STM 所观察的样品必须具有一定程度的导电性，对于半导体，观测的效果就差于导体；对于绝缘体则根本无法直接观察。

3.3　原子力显微镜

STM 是利用隧道电流进行表面形貌及表面电子结构性质的研究，所以只能直接对导体和半导体样品进行研究，不能用来直接观察和研究绝缘体样品和有较厚氧化层的样品。为了克服扫描隧道显微镜的缺点,人们发明了原子力显微镜。1986 年宾尼希(Binning)等发明了第一台原子力显微镜（Atomic Force Microscopy,AFM)。原子力显微镜是扫描探针显微镜大家族中的第二成员,它在扫描隧道显微镜的基础上提高了一步。

原子力显微镜的工作原理是将探针装在一弹性微悬臂的一端(见图 3.5),微悬臂的另一端固定,当探针在样品表面扫描时,探针与表面之间存在极微弱的作用力（10^{-8}～10^{-6}N),会使微悬臂发生弹性形变。通过放大微悬臂的弹性形变进而得到样品表面的结构形态。

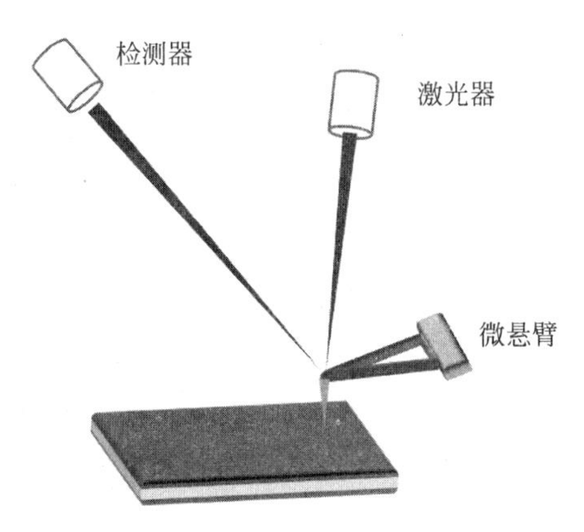

图 3.5　原子力显微镜

针尖和样品之间的力与微悬臂的形变 ΔZ 之间遵循胡克定律(Hooke Law)。

$$F = k \cdot \Delta Z \tag{3.30}$$

其中, k 为微悬臂的力常数。测定微悬臂形变变量的大小,就可以获得针尖与样品作用力的大小。针尖与样品之间的作用力和距离有强烈的依赖关系。针尖与样品之间的相互作用力实际上也就是针尖与样品表面中原子之间的作用力。通常这一作用力是很微小的。因此,在实际操作时必须要将这一微小作用力导致的微小形变放大。通常将一束激光经微悬臂背面反射到光电检测器,可精确测量微悬臂的微小变形。如小于 0.01nm 的变形,用激光束将之反射到光电检测器后就变成了 3～10nm 激光点位移,测量精确度比较高,当激光的波长为 670nm 时极限的分辨率可以达到 0.003nm。原子力显微镜也有两种工作模式：恒力模式和恒高模式。恒力模式是通过反馈系统使探针、样品表面作用力保持恒定,当探针在 $x-y$ 平面内扫描时,探针的 z 向运动就可反映样品表面形貌及其他表面结构。恒高模式是在 $x-y$ 平面内扫描时,不使用反馈回路,保持针尖与样品绝对距离恒定,直接检测微悬臂 z 方向的变量来成像。

微悬臂形变的检测方法包括：光束偏转法、隧道电流检测法、电容检测法、光束干涉法、压敏电阻检测法。由于针尖与样品之间的作用力为微悬臂的力常数和形变量的乘积,所以上述所有方法都不应影响微悬臂的力常数。而且对形变量的检测必须达到纳米级以上。由于光束偏转法比较简单,而且技术上容易实现,所以目前在 AFM 仪器中应用最为普遍。

图 3.6 表明了原子力显微镜的三种操作模式：接触模式、非接触模式、轻敲模式。在接触模式下,针尖始终和样品接触,以恒高或恒力的模式进行扫描。扫描过程中,针尖在样品表面滑动。其优点是可得到稳定的、分辨率高的图像。这种方式不适用于研究生物大分子、低弹性模量样品以及容易移动和变形的样品。在非接触模式下,是指探针离样品表面上方

有一定距离，始终不与样品接触，这时微悬臂电压陶瓷器件产生高频振动，频率接近其固有振动，针尖与样品间的相互作用力对其距离的变化将会直接影响到微悬臂的振动频率及振幅。用光学方法测量振幅的变化就可得知探针与样品表面作用力的变化，即可测得样品形貌等。其缺点是，由于针尖和样品之间的距离较长，分辨率较接触式低，而且操作也相对较难，所以非接触模式目前基本上未被采用。在轻敲模式下，探针在样品表面上以接近微悬臂固有频率振动，振荡的针尖交替地与样品表面接触和抬高，这种交替通常为 $5\times10^4\sim5\times10^5$ 次/s。其优点是针尖与样品接触可以提高分辨率，针尖抬高离开样品时，可避免在表面形成拖刮。这一模式也是利用压电陶瓷通过微悬臂振动实现的。它结合了上述两种模式的优点，既不损坏样品又有较高的分辨率，还可适用于生物大分子、聚合物等软样品的成像研究，对于一些与基底结合不牢固的样品也降低了针尖对表面结构的搬运效应。

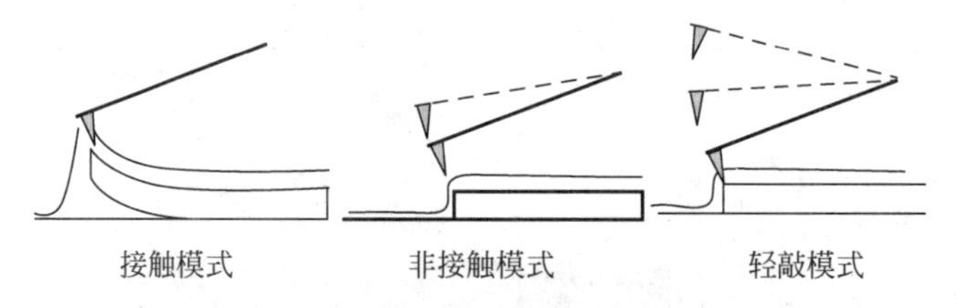

图 3.6　原子力显微镜工作模式

原子力显微镜的结构主要包括：振动隔绝系统、机械系统、针尖系统、电子系统、计算机系统。关键部分仍是针尖系统，与扫描隧道显微镜不同，针尖感受的不是隧道电流，而是原子间的相互作用力，因此它由带针尖的力敏感元件和力敏感元件运动检测系统构成，其反馈电路也用于监控力敏感元件的运动。可对扫描隧道显微镜的技术稍加改进后用于原子力显微镜的隔绝振动、样品逼近、扫描和反馈控制、计算机图像存储和处理以及显示系统等方面。

微悬臂及其针尖是原子力显微镜所特有的，并且是技术成败的关键之处，所以我们主要介绍原子力显微镜力传感器上的微悬臂及其针尖。原子力显微镜微悬臂要求是相对低的力常数，即受到很小的力就能产生可检测到的位移($k=F/\Delta Z$)。为了得到与原子力显微镜相当的数据采集速度和成像带宽，要求微悬臂的共振频率应大于 10kHz。对微悬臂横向刚性的要求是减小横向力的影响，以防止图像失真，故通常将微悬臂制成 V 字形，以提高横向刚性。如用隧道电流方式来检测微悬臂的位移，其背面必须要有金属电极。若采用光束偏移法时，则要求微悬臂的背面有尽可能平滑的反光面，一般用 SiO_2，Si_3N_4 表面。因此，为了准确反映样品的形貌和尽可能提高仪器的刚性，力传感器要满足以下要求：低的力弹性常数，高的力学共振频率，高的横向刚性，短的微悬臂长度，传感器带有镜子或电极，带有一个尽可能尖的针尖。1987 年，美国斯坦福大学制成了 V 形 SiO_2 微悬臂及针尖传感器，这种传感器没有外加针尖，而是利用微悬臂的 V 形尖端作为针尖。1989 年，他们又研制成了尖端带有金字塔形的针尖的 V 形 Si_3N_4 微悬臂。

原子力显微镜有着广泛的应用，不仅可用来直接表征导体、半导体的形貌，还可以直接用于绝缘体样品的研究。人们已经获得了许多材料的原子级分辨图像，可以用于纳米材料的形貌测定，可以对纳米尺度的物性测量。对纳米尺度的物性研究有助于人们进一步认识纳米世界的运动规律，运用这些性质来设计和制备下一代纳米器件。此外还可对纳米材料进行表征(见图 3.7)，例如纳米颗粒、纳米薄膜和纳米管等。

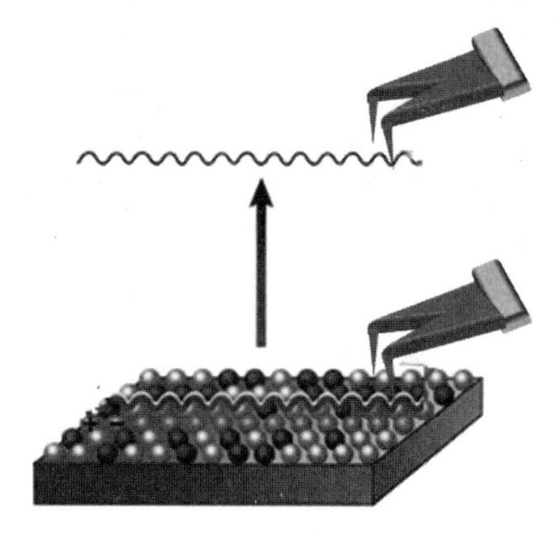

图 3.7　原子力显微镜的数据处理

利用原子力显微镜可以测量材料的电学特性，人们可测量碳纳米管等电学性质、单分子的导电性等。利用原子力显微镜研究纳米机械性质，可测定表面微区摩擦性质、微区硬度、弹性模量等。利用原子力显微镜针尖与样品之间的相互作用力可以搬动样品表面的原子、分子，而且可利用此作用力改变样品的结构，从而对其性质进行调制。原子力显微镜也可以用于生物材料的研究。原子力显微镜不仅可以对生物分子进行高分辨成像，还可以对生物分子进行操纵。中科院上海原子核研究所成功利用原子力显微镜对 DNA 生物分子进行切割、弯曲、推拉等分子操作在云母基片写出了 DNA。

随着量子力学的发展，人们认识到微观粒子具有波粒二象性，微观粒子既具有粒子性也具有波动性。随后人们通过电子的衍射实验证实了粒子的波动性。微观粒子所携带的物质波的波长非常短，这提示人们可以用微观粒子作为光源，获得较高的分辨率。以此为原理发明的电子显微镜，大大拓展了人们探测微观世界的方式。

习题

1. 传统光学显微镜的分辨率和什么有关？想要提高分辨率有哪些途径？
2. 下图是一维量子隧道效应示意图，试用量子力学的知识解释一维隧道效应。

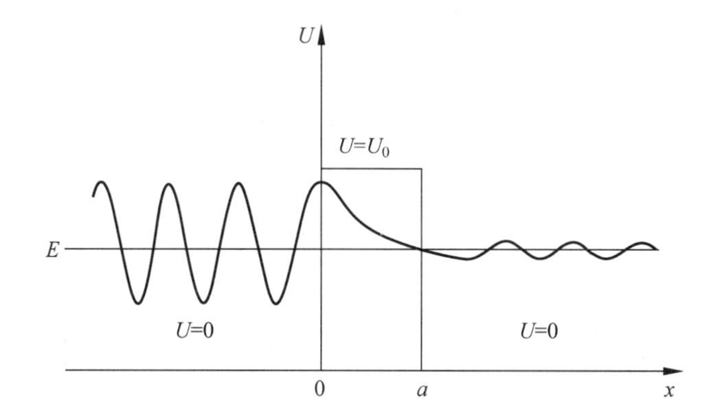

3. 扫描隧道显微镜的基本结构有哪些？其核心部件是什么？
4. 扫描隧道显微镜中好的针尖要满足什么样的条件？
5. 扫描隧道显微镜的工作模式有哪些？试详细说明。
6. 原子力显微镜的工作原理是什么？与扫描隧道显微镜相比有什么优点？
7. 原子力显微镜有哪几种工作模式？

第4章 穆斯堡尔效应

穆斯堡尔效应是原子核辐射的无反冲共振吸收。这个效应首先是由德国物理学家穆斯堡尔于1958年首次在实验中实现的，因此被命名为穆斯堡尔效应。穆斯堡尔毕业于慕尼黑工业大学，是位实验物理学家。1961年因对g辐射的共振吸收的研究和发现与此联系的穆斯堡尔效应而获得诺贝尔物理学奖。他获得诺贝尔物理学奖时只有32岁。

从理论上可以这样理解穆斯堡尔效应：当一个原子核由激发态跃迁到基态，发出一个γ射线光子。当这个光子遇到另一个同样的原子核时，就能够被共振吸收(见图4.1)。

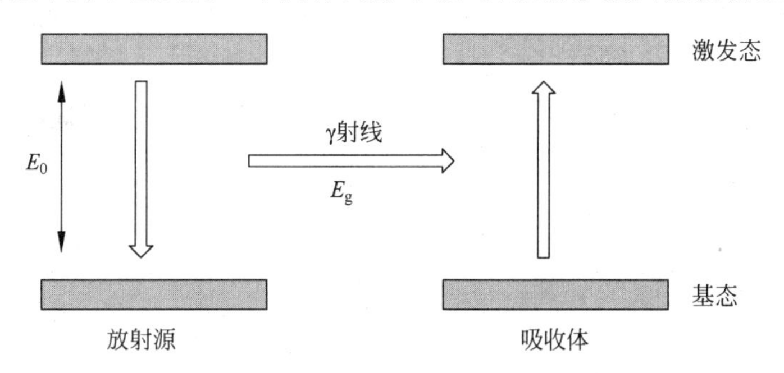

图4.1　原子共振吸收

但是，实际上，原子核在放出一个光子的时候，自身也具有了一个反冲动量，这个反冲动量会使发射出的光子能量减少。也就是光子的能量比高低能级之间能级差的能量要小些。记作 $E-E_R$，如图4.2所示，图中 E 为无反冲光子能量。吸收光子的原子由于反冲效应，吸收的光子能量会有所增大，也就是比实际的高低能级的能量差要大些，记作 $E+E_R$。由于原子核的反冲运动，所以自由的原子核很难实现共振吸收。迄今为止，人们还没有在气体和不太黏稠的液体中观察到穆斯堡尔效应。

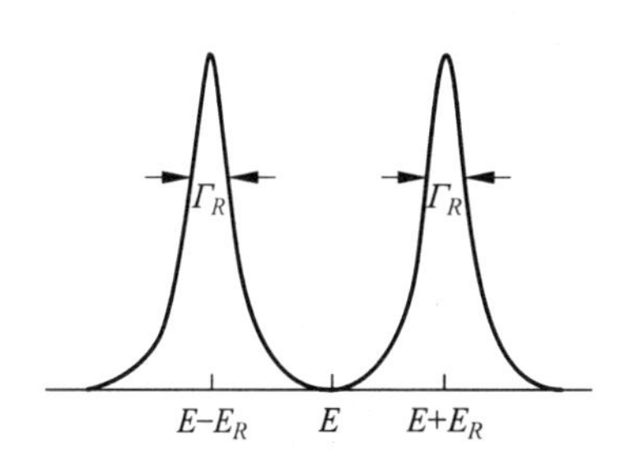

图4.2　反冲对原子共振吸收的影响

为了实现原子核的共振吸收，穆斯堡尔的做法是将发射体和吸收体都冷却到液态空气温度(88K)，使原子核由于冷却、减速作用被牢牢固定在点阵晶格上，反冲动能趋向于零。使原子核无反冲发射光子和共振吸收光子，可以使得穆斯堡尔效应增加。在实验中，要测得共振吸收的能量的大小，必须发射一系列不同能量的 γ 光子。一般放射源发射的只具有某一、两种能量的 γ 光子，这是不能形成穆斯堡尔谱的。通常是通过源和吸收体之间的相对运动多普勒效应，可得到一系列不同能量的 γ 光子。经过吸收体后的 γ 射线计数和多普勒速度（代表 γ 光子的能量）之间的关系就是穆斯堡尔谱（见图 4.3）。

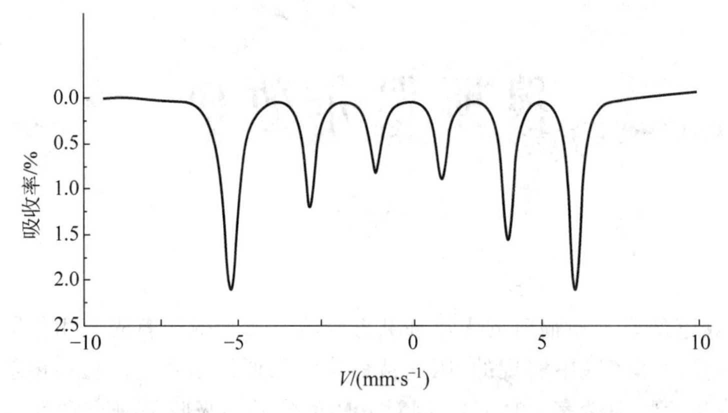

图 4.3　穆斯堡尔谱

多普勒效应可以用声波来进行解释。假设声源发射的声波的频率为 ν，波速为 u，因此，波长 λ 为

$$\lambda = \frac{u}{\nu} \tag{4.1}$$

分两种情况，第一种：若波源不动，观测者以速度 V 朝声源运动，则观测者测量到的波速为

$$u + V \tag{4.2}$$

因此，观测者测到的声速的频率为

$$\nu' = \frac{\nu(u+V)}{u} \tag{4.3}$$

也就是测量者观测到的声速增加了。当观测者背离声源运动，则观测者观测到的频率为

$$\nu' = \frac{\nu(u-V)}{u} \tag{4.4}$$

第二种情况，观测者不动，声源朝观测者运动，速度为 V。此时，观测者测量到声波的波长将会减小。假设 t 时刻观测到一个波峰，若波源不动，将在 $t+T$ 时刻观测到下一个波峰，T 是声波的周期。若波源在运动，经过一个周期 T 后，波源再次发出一个波峰，因此两个波峰之间的距离会变化为

$$\lambda' = \lambda - VT \tag{4.5}$$

因此，新的频率是

$$\nu' = \frac{u}{\lambda'} = \frac{u}{\lambda - VT} \tag{4.6}$$

也就是

$$\nu' = \frac{\nu u}{u - V} \tag{4.7}$$

综合两种情况，我们有

$$\nu' = \nu \frac{u \pm V}{u \mp V} \tag{4.8}$$

此结果可以推广到电磁波的情况，此时声速变为光速 c。一个辐射源相对接收者运动，则对接收者而言，辐射光子的频率随二者的相对运动方向与速度而变化，为

$$\Delta\nu = \frac{V\nu'}{c} \tag{4.9}$$

辐射光子能量随二者的相对运动方向与速度而变化，为

$$\Delta E = \frac{VE}{c} \tag{4.10}$$

其中 $\Delta E = h(\nu' - \nu)$ 为射线能量的变化。E 是射线能量，V 是辐射源的速度。穆斯堡尔源是穆斯堡尔原子的母核核素通过一定方式嵌入某种基体中制成，最重要的穆斯堡尔源是 ^{57}Co，它衰变得到 ^{57}Fe 的 14.41keV 穆斯堡尔跃迁。表 4.1 是 ^{57}Co 穆斯堡尔源所发出的辐射能量。

表 4.1　^{57}Co 辐射能量

射线能量/keV	发射百分数/%	相对强度
690	0.16	0.2
136.32	11.1	13
122	85.2	100
14.41	9.4	11
6.5(FeK_αX 射线)	约 55	65

穆斯堡尔谱在许多方面有应用，例如在生物学中，可以用于测量生物大分子体系、各种重要含铁蛋白质、氨基酸及其衍生物，核酸、碳水化合物和二氧化碳的传递过程、光合作用、酶催化，研究生理、生化、病理等。矿物学和考古学、物理学、化学中都有应用。穆斯堡尔效应还可以用于相成分的分析。如果材料不止一种含铁的相，那么每一种相都对应它自己的穆斯堡尔谱，可与已知相的穆斯堡尔标准谱相比较。这与采用 X 射线衍射图样分析的方法是一致的。当然，穆斯堡尔谱学在这方面的应用远不及 X 射线衍射那样普遍，但穆斯堡尔效应的灵敏度高，可以检测到有些 X 射线检测不出来的第二相。通过确定超精细参量和温度之间的关系，常常可以确定相变。例如，在晶体结构或原子占位对称性较低的情况下，也常常出现相当大的电四极矩效应。根据实验谱线可以求出电四极相互作用能 ΔE_Q，当 ΔE_Q 随温度出现突变时，可以确定在这个温度晶体结构发生了改变，也可以用来确定晶位的分布。在固溶体和化合物中，同种原子或离子可能占据几种晶位，如在柘榴石铁氧体中，Fe^{3+} 离子可能占据八面体位置和四面体位置。确定该原子或离子在不同晶位中的占有率对研究磁性材料具有很大意义。若所有的点阵具有同样的无反冲分数 f，那么，某一相的谱线分量的总强度(谱线面积)应该与其中元素的含量成正比。因此，只要分别计算出对应不同晶位的谱线的面积，就可以得到该原子或离子的晶位占有率。

习题

1. 什么是原子的共振吸收？实现原子的共振吸收需要满足什么条件？
2. 实现穆斯堡尔效应的困难在于什么地方？
3. 穆斯堡尔效应中如何获得一系列不同能量的 γ 光子？
4. 声波的多普勒效应中，试推导声波的频率和声速的关系 $\nu'=\nu\dfrac{u\pm V}{u\mp V}$。

量子计算和量子信息

随着集成电路的规模越来越大，集成电路中的量子效应逐渐显现，人们认识到集成电路规模不可能越做越大，摩尔定律逐渐失效。量子比特作为一种存储信息和处理信息的单元具有经典比特无法比拟的优势。量子比特具有超强的存储功能；对量子比特进行的运算是并行计算，运算速度是经典计算机无法比拟的；信息存储在量子比特里，保密性好，不可克隆。然而，退相干的发生限制着量子信息的发展，如何克服退相干带来的困难依然是量子计算和量子信息领域的一个重要的课题。

5.1 纠缠态

摩尔时代的终结为开拓新技术创造了难得的机遇。按摩尔定律发展的微电子造就了IT产业几十年的辉煌。然而，由于量子效应和热耗散的影响，人们却会完全失去按传统方式控制电子的能力。这表明，摩尔时代必将告终。量子信息将成为后摩尔时代的新技术，它是量子物理与信息科学相融合的新兴交叉学科。量子信息以量子态作为信息单元，信息的产生、传输、处理和检测等均服从量子力学的规律。基于量子力学的特性，诸如叠加性、非局域性、纠缠性、不可克隆性等，量子信息可以实现经典信息无法做到的新的信息功能，突破现有信息技术的物理极限。量子计算可以加快某些函数的运算速度；量子因特网具有安全性，并集信息处理和传输于一体，可实现多端分布计算，降低通信复杂度；量子密码可以确保量子密钥分配的安全性，与一次一密算法的不可破译性相结合，可提供不可窃听、不可破译的安全保密通信。以比特(0或1)作为信息单元，称为经典信息。以量子比特作为信息单元，称为量子信息。1量子比特为

$$|\psi\rangle = C_1|0\rangle + C_2|1\rangle,\quad |C_1|^2 + |C_2|^2 = 1 \tag{5.1}$$

多个量子比特是

$$|\psi\rangle_1|\psi\rangle_2|\psi\rangle_3|\psi\rangle_4\cdots|\psi\rangle_N\cdots \tag{5.2}$$

量子信息是经典信息的扩展和完善，正如复数 $z=x+\mathrm{i}y$ 是实数的扩展和完善。量子信息过程遵从量子力学原理，于是可实现经典信息无法做到的新信息功能。

量子不可克隆定理：不存在物理过程可精确地复制任意量子态。这是量子密码安全性的基础，量子信息提取不可逾越的障碍。量子力学被用于信息学中，最重要的是被称为量子

纠缠态的概念，量子纠缠态是

$$|\psi\rangle_{AB}=\frac{1}{\sqrt{2}}(|\uparrow\downarrow\rangle-|\downarrow\uparrow\rangle) \tag{5.3}$$

所谓纠缠态是指，设想总自旋为 0 的两个自旋为 $h/4\pi$ 的粒子 A 和 B 组成一个系统 S（俗称为 EPR 粒子对）。该系统为单态，即两个粒子处于自旋反平行的状态，按照量子力学理论，EPR 粒子对作为一个量子系统处于如下的量子态（称为 EPR 态）

$$\varphi(A,B)\geqslant 2^{-1/2}(|\uparrow\rangle_A|\downarrow\rangle_B-|\downarrow\rangle_A|\uparrow\rangle_B) \tag{5.4}$$

对处于单态的体系，单独地预言粒子 A(或 B)测得自旋向上(或向下)的概率为 0 或 1，但一旦测得粒子 A 的自旋方向向上(或向下)，则粒子 B 的自旋方向必定向下(或向上)。不管两个粒子相距多远，它们都处于这种相互关联状态，这就是量子力学的非局域性效应。量子力学的这种非局域性最早是爱因斯坦(Einstein)、波多尔斯基(Podolsky)、罗森(Rosen)联合提出的，是对量子力学的完备性的质疑，被称为 EPR 佯谬。他们设想了这样的二粒子系统：

$$[x_i,p_i]\neq 0,\quad i=1,2 \tag{5.5}$$

但是下列算符是对易的

$$[x_1-x_2,p_1+p_2]=0 \tag{5.6}$$

因此他们存在着共同的本征态，并且

$$(x_1-x_2)|\Psi\rangle=a|\Psi\rangle \tag{5.7}$$

$$(p_1-p_2)|\Psi\rangle=0|\Psi\rangle \tag{5.8}$$

两个粒子之间的距离很大，当测得了 x_1 就得到了 $x_2=a+x_1$，测得了 p_2 就可以得到 $p_1=-p_2$，但是这是不可能的。除非：①存在超距作用；②存在隐变量。

非局域性：对 A(或 B)的任意测量必然会影响 B(或 A)的量子态，不管 A 和 B 距离多远。玻姆最早提出了以隐变量理论为基础的量子力学的诠释，但是随着贝尔不等式被验证，隐变量理论被证明是不对的。尽管如此，玻姆量子力学中的一些理论对研究量子系统依然起着重要的作用。

量子理论用于信息学，形成了量子信息概论，其重要的概念就是纠缠态(entangled state)。纠缠态是不能写成量子系统中各子系统或者各自由波函数态矢直积的状态。我们可以用描述氢原子的波函数为例，说明纠缠态的概念。氢原子中的电子波函数

$$\psi(r,\theta,\varphi)=R_n(r)\Theta_l(\theta)\Phi_m(\varphi) \tag{5.9}$$

其中 n 为主量子数，l 为轨道量子数，m 为磁量子数。满足

$$\begin{aligned}&l=0,\cdots,n\\&m=-l,-l+1,\cdots,0,\cdots,l+1,l\end{aligned} \tag{5.10}$$

但是根据狄拉克的理论预言和实验的证实，电子存在着两种自旋$|\downarrow\rangle$和$|\uparrow\rangle$。可以记为

$$\begin{aligned}&|\uparrow\rangle=\begin{pmatrix}1\\0\end{pmatrix}\\&|\downarrow\rangle=\begin{pmatrix}0\\1\end{pmatrix}\end{aligned} \tag{5.11}$$

考虑自旋，氢原子中电子的波函数不能单是轨道波函数，而是轨道波函数和电子任意自旋态的直积。

$$\psi'=\psi\otimes[a|\uparrow\rangle+b|\downarrow\rangle] \tag{5.12}$$

直积的概念：矩阵 $A=\begin{pmatrix}a_{11} & a_{12}\\ a_{21} & a_{22}\end{pmatrix}$ 和矩阵 $B=\begin{pmatrix}b_{11} & b_{12}\\ b_{21} & b_{22}\end{pmatrix}$ 的直积定义为

$$A\otimes B=\begin{pmatrix}a_{11}B & a_{12}B\\ a_{21}B & a_{22}B\end{pmatrix} \tag{5.13}$$

例如在 1s 轨道上存在两个电子，不考虑自旋，我们可以写出波函数的直积态

$$|\psi_{1s}(r_1)\rangle\otimes|\psi_{1s}(r_2)\rangle=|1s(1)1s(2)\rangle \tag{5.14}$$

如果考虑到电子自旋的情况，那么一共有四种情况：

1. $|\uparrow(1)\uparrow(2)\rangle=|\uparrow(1)\rangle\otimes|\uparrow(2)\rangle$
2. $|\uparrow(1)\downarrow(2)\rangle=|\uparrow(1)\rangle\otimes|\downarrow(2)\rangle$
3. $|\downarrow(1)\uparrow(2)\rangle=|\downarrow(1)\rangle\otimes|\uparrow(2)\rangle$
4. $|\downarrow(1)\downarrow(2)\rangle=|\downarrow(1)\rangle\otimes|\uparrow(2)\rangle$

其中

$$|\uparrow(1)\rangle=|\psi_{1s}(1)\rangle\otimes(|\uparrow\rangle)=|\psi_{1s}(1)\rangle\otimes\begin{pmatrix}1\\0\end{pmatrix}=\begin{pmatrix}\psi_{1s}(1)\\0\end{pmatrix} \tag{5.15}$$

$$|\uparrow(2)\rangle=|\psi_{1s}(2)\rangle\otimes(|\uparrow\rangle)=|\psi_{1s}(2)\rangle\otimes\begin{pmatrix}1\\0\end{pmatrix}=\begin{pmatrix}\psi_{1s}(2)\\0\end{pmatrix} \tag{5.16}$$

由于氢原子 1s 轨道上电子波函数的反对称性，$1\rightarrow2,\psi\rightarrow-\psi$，这时候电子的波函数为

$$\psi=\frac{1}{\sqrt{2}}[|\uparrow(1)\downarrow(2)\rangle-|\downarrow(1)\uparrow(2)\rangle] \tag{5.17}$$

这时电子波函数不能写成$|\uparrow(1)\uparrow(2)\rangle$、$|\uparrow(1)\downarrow(2)\rangle$、$|\downarrow(1)\uparrow(2)\rangle$、$|\downarrow(1)\downarrow(2)\rangle$四个子系统的直积形式，是一个纠缠态。

5.2 量子隐形传态

1993 年贝内特(Bennet)等提出了量子隐形传态的概念，标志着量子信息时代的开启。在量子隐形传态中，首先设定了贝尔基，贝尔基是四个纠缠态组成的一组基矢，可以写作

$$|\psi^{\pm}\rangle=\frac{1}{\sqrt{2}}(|\uparrow\rangle\otimes|\downarrow\rangle\pm|\downarrow\rangle\otimes|\uparrow\rangle) \tag{5.18}$$

$$|\Phi^{\pm}\rangle=\frac{1}{\sqrt{2}}(|\uparrow\rangle\otimes|\uparrow\rangle\pm|\downarrow\rangle\otimes|\downarrow\rangle) \tag{5.19}$$

量子隐形传态的过程可以用图 5.1 来表示。

事先准备好的 EPR 粒子对粒子 2、粒子 3 处于下列贝尔纠缠态

$$|\psi_{23}^{-}\rangle=\frac{1}{\sqrt{2}}[|\uparrow(2)\rangle\otimes|\downarrow(3)\rangle-|\downarrow(2)\rangle\otimes|\uparrow(3)\rangle] \tag{5.20}$$

粒子 2 掌握在 Alice 手中，粒子 3 送到 Bobo 手中(仍然是纠缠的)。所要传递的信息在粒子 1 的量子态 φ_1 上。

$$\varphi_1=a|\uparrow\rangle+b|\downarrow\rangle \tag{5.21}$$

下一步 Alice 对粒子 1 和 EPR 粒子对粒子 2、粒子 3 进行操作，得到

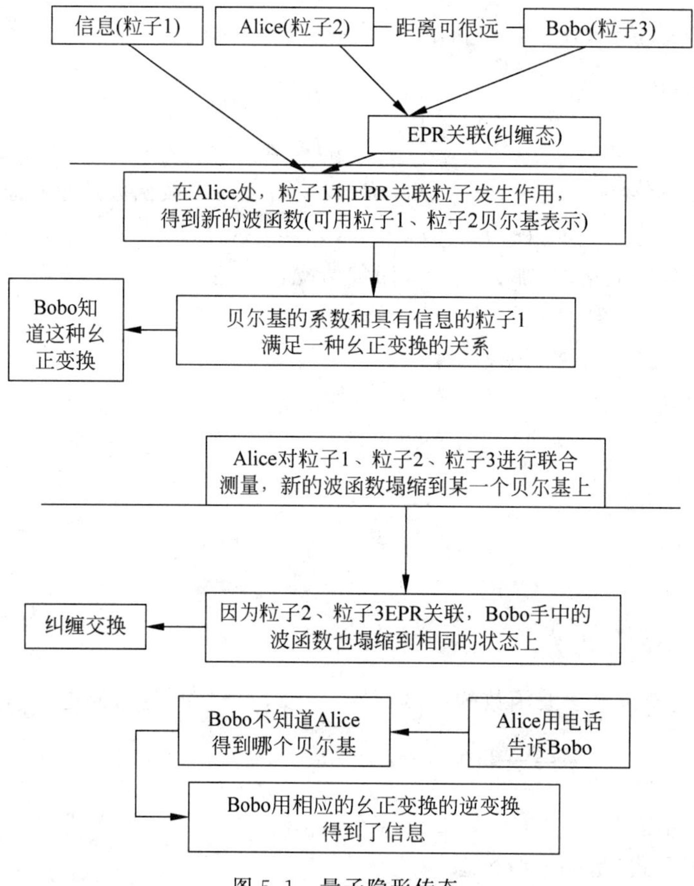

图 5.1 量子隐形传态

$$
\begin{aligned}
|\psi_{123}\rangle &= |\varphi_1 \otimes \psi_{23}^-\rangle \\
&= \frac{a}{\sqrt{2}}[|\uparrow(1)\rangle \otimes |\uparrow(2)\rangle \otimes |\downarrow(3)\rangle - |\uparrow(1)\rangle \otimes |\downarrow(2)\rangle \otimes |\uparrow(3)\rangle] + \\
&\quad \frac{b}{\sqrt{2}}[|\downarrow(1)\rangle \otimes |\uparrow(2)\rangle \otimes |\downarrow(3)\rangle - |\downarrow(1)\rangle \otimes |\downarrow(2)\rangle \otimes |\uparrow(3)\rangle]
\end{aligned} \tag{5.22}
$$

上式可以用贝尔基展开

$$
\begin{aligned}
|\psi_{123}\rangle = |\mathrm{I}_3\rangle \otimes |\psi_{12}^-\rangle + |\mathrm{II}_3\rangle \otimes |\psi_{12}^+\rangle + \\
|\mathrm{III}_3\rangle \otimes |\Phi_{12}^-\rangle + |\mathrm{IV}_3\rangle \otimes |\Phi_{12}^+\rangle
\end{aligned} \tag{5.23}
$$

由贝尔基的正交关系，有

$$
|\mathrm{I}_3\rangle = -\frac{1}{2}[a|\uparrow(3)\rangle + b|\downarrow(3)\rangle]
$$

$$
|\mathrm{II}_3\rangle = -\frac{1}{2}[a|\uparrow(3)\rangle - b|\downarrow(3)\rangle]
$$

$$
|\mathrm{III}_3\rangle = \frac{1}{2}[a|\downarrow(3)\rangle + b|\uparrow(3)\rangle]
$$

$$|\text{IV}_3\rangle = \frac{1}{2}[a|\downarrow(3)\rangle - b|\uparrow(3)\rangle] \tag{5.24}$$

这些系数与具有信息的粒子1的关系为

$$|\text{I}_3\rangle = -\begin{pmatrix} a \\ b \end{pmatrix} = -\begin{pmatrix} 1 & 0 \\ 0 & 1 \end{pmatrix}\begin{pmatrix} a \\ b \end{pmatrix} = -I\begin{pmatrix} a \\ b \end{pmatrix}$$

$$|\text{III}_3\rangle = \begin{pmatrix} b \\ a \end{pmatrix} = \begin{pmatrix} 0 & 1 \\ 1 & 0 \end{pmatrix}\begin{pmatrix} a \\ b \end{pmatrix} = \sigma_1\begin{pmatrix} a \\ b \end{pmatrix}$$

$$|\text{IV}_3\rangle = \begin{pmatrix} -b \\ a \end{pmatrix} = \begin{pmatrix} 0 & -1 \\ 1 & 0 \end{pmatrix}\begin{pmatrix} a \\ b \end{pmatrix} = i\sigma_2\begin{pmatrix} a \\ b \end{pmatrix}$$

$$|\text{II}_3\rangle = \begin{pmatrix} -a \\ b \end{pmatrix} = \begin{pmatrix} -1 & 0 \\ 0 & 1 \end{pmatrix}\begin{pmatrix} a \\ b \end{pmatrix} = \sigma_3\begin{pmatrix} a \\ b \end{pmatrix} \tag{5.25}$$

Alice 对$|\psi_{123}\rangle$,进行粒子1、粒子2贝尔基分析时,假设整个波函数以一定的概率塌缩到$|\text{III}_3\rangle$,那么,Bobo 手中的粒子也会塌缩到这一状态上(纠缠交换)。虽然 Bobo 知道了$|\text{III}_3\rangle$,但是不知道 Alice 测得的粒子1、粒子2是哪个贝尔态(无法确定具体的幺正变换),Alice 可以用经典的通信告诉 Bobo。这样用一个逆变换,就可以得到信息了。

将量子力学应用于计算领域,就形成了量子计算这一学科。量子计算的载体是量子计算机。经典计算机是以经典的存储器为基础的,一个存储器可存储0或1(一个数),两个存储器可存储00,01,10或11(一个数),N个存储器可存储一个数($2N$个可能的数之中的一个数)。量子计算机是以量子存储元件为基础的,存储的单位是量子比特。一个存储器可同时存储0和1(两个数),两个存储器可同时存储00,01,10,11(四个数),N个存储器可同时存储2^N个数。因此,量子存储器的存储数据能力是经典存储器的2^N倍,且随N指数增长。例如,$N=250$,量子存储器可同时存储比宇宙中原子数目还要多的数据。经典计算机对N个存储器运算一次,只变换一个数据。量子计算机对N个存储器运算一次,同时变换2^N个数据。可见,对N个量子存储器实行一次操作,其效率相当于对经典存储器进行2^N次操作,这就是量子计算机的巨大并行运算能力。量子计算也带来了新的算法,例如大数因子分解问题,这类大数因子分解是个难解的数学问题。

习题

1. 量子信息中1量子比特是如何定义的?与经典的1比特相比有什么优点?
2. 量子纠缠态是如何定义的?试用 EPR 粒子对说明量子纠缠的奇特性质。
3. EPR 佯谬是什么?
4. 量子隐形传态中,贝尔基有哪些?论述量子隐形传态的过程。

第6章 霍尔效应

近些年来，拓扑绝缘材料受到人们广泛的关注，拓扑绝缘材料中所展现出来的性质被认为是下一代电子学的基础，而人们正是从霍尔效应逐渐认识到拓扑绝缘材料的。霍尔效应包括了经典霍尔效应，整数量子霍尔效应，分数量子霍尔效应。霍尔效应在日常生活中也应用广泛，例如对于电阻的标定等。

6.1 经典霍尔效应

霍尔效应是1879年由约翰·霍普金斯(Johns Hopkins)大学的研究生霍尔(Edwin Hall)发现，霍尔的导师是罗兰德(Henry A. Rowland)教授。1930年，朗道证明量子力学下电子对磁化率有贡献，同时也指出动能的量子化导致磁化率随磁场的倒数周期变化。1975年川治(S. Kawaji)等首次测量了反型层的霍尔电导。1980年克利青(Klaus von Klitzing)和恩勒特(Th. Englert)发现整数量子霍尔效应，并发现霍尔平台的量子化单位e^2/h。1985年，克利青获诺贝尔物理学奖。1982年，崔琦、施特默(H. L. Stomer)等发现具有分数量子数的霍尔平台，一年后，劳克林(R. B. Laughlin)给出了一个波函数，对分数量子霍尔效应给出了很好的解释。1998年诺贝尔物理学奖授予施特默、崔琦和劳克林，以表彰他们发现分数量子霍尔效应及对这一新的量子液体的深刻理解。

霍尔效应是当固体导体有电流通过，且放置在一个磁场内，导体内的电荷载子受到洛伦兹力而偏向一边，继而产生电压。如图6.1所示。

电压所引致的电场力会平衡洛伦兹力。除导体外，半导体也能产生霍尔效应，而且半导体的霍尔效应要强于导体。在霍尔效应中电流密度为

$$j_s = nev \tag{6.1}$$

横向电场

$$E_y = vB \tag{6.2}$$

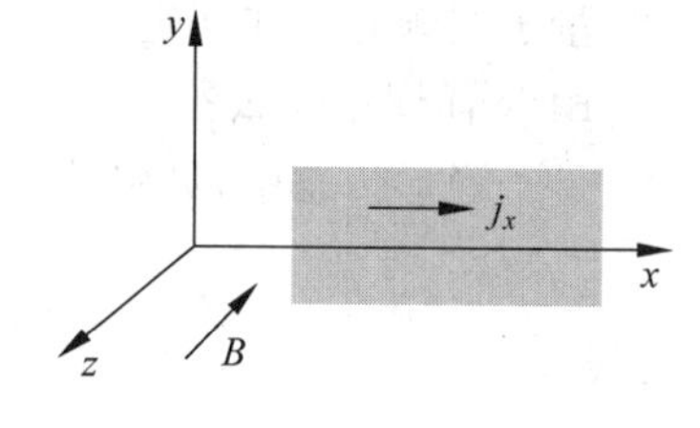

图6.1 经典霍尔效应

根据欧姆定律，电流与电阻率和电导率的关系为

$$\begin{aligned} \boldsymbol{j} &= \sigma \cdot \boldsymbol{E} \\ \boldsymbol{E} &= \rho \cdot \boldsymbol{j} \end{aligned} \tag{6.3}$$

若存在外加静磁场，则电导率和电阻率都变为张量

$$\boldsymbol{j}=\sigma\boldsymbol{E} \tag{6.4}$$

$$\sigma=\begin{pmatrix}\sigma_{xx} & \sigma_{xy}\\ \sigma_{yx} & \sigma_{yy}\end{pmatrix} \tag{6.5}$$

为了得到霍尔效应中电导率和电阻率的具体表达式，将导体中的电子看作是电子气体。电子的运动遵循朗之万方程(Langevin equation)，方程为

$$\dot{\boldsymbol{v}}_d=-\frac{e}{\mu}(\boldsymbol{E}+\boldsymbol{v}_d\times\boldsymbol{B})-\frac{\boldsymbol{v}_d}{\tau} \tag{6.6}$$

当霍尔元件在磁场中处于稳定状态时，电子的运动也趋于稳定，因此电子满足稳态条件

$$\frac{\mathrm{d}v_d}{\mathrm{d}t}=0 \tag{6.7}$$

朗之万方程变为

$$-\frac{e}{\mu}(\boldsymbol{E}+\boldsymbol{v}_d\times\boldsymbol{B})-\frac{\boldsymbol{v}_d}{\tau}=0 \tag{6.8}$$

设磁场在 z 方向上，分量形式为(乘以 $-e$)

$$-\frac{e}{\mu}(E_x+v_{dy}\times B_z)-\frac{v_{dx}}{\tau}=0$$

$$-\frac{e}{\mu}(E_y-v_{dx}\times B_z)-\frac{v_{dy}}{\tau}=0 \tag{6.9}$$

因此可得

$$\begin{aligned}\sigma_0E_x&=\omega_c\tau j_y+j_x\\ \sigma_0E_y&=-\omega_c\tau j_x+j_y\end{aligned} \tag{6.10}$$

其中 $\sigma_0=\dfrac{ne^2\tau}{\mu}$，$\omega_c=eB/\mu$。根据电流与电导率和电阻率的关系，有

$$\begin{cases}\rho_{xx}=\rho_{yy}=1/\sigma_0\\ \rho_{xy}=-\rho_{yx}=\omega_c\tau/\sigma_0\end{cases} \tag{6.11}$$

$$\begin{cases}\sigma_{xx}=\sigma_{yy}=\sigma_0/(1+\omega_c^2\tau^2)\\ \sigma_{xy}=-\sigma_{yx}=-\sigma_0\omega_c\tau/(1+\omega_c^2\tau^2)\end{cases} \tag{6.12}$$

霍尔电阻率

$$\rho_{\mathrm{H}}=E_y/j_x=B/ne$$

6.2 量子霍尔效应

当霍尔效应的实验条件发生变化时，实验温度降低到 1.5K，磁场变为强磁场，达到 18T，使用比较纯的样品，就会出现新的实验现象，我们把这种新的实验现象称为整数量子霍尔效应。整数量子霍尔效应是一种量子效应。为了解释这一现象，首先给出有磁场时量子力学中各算符的变化情况。有磁场时，主要会影响动能算符，进而影响系统的哈密顿算

符。磁场通常用磁感应强度 $\boldsymbol{B}=(B_x,B_y,B_z)$ 来描述。一个矢量可以用另外一个矢量的旋度来表示。因此,磁感应强度可以写为

$$\boldsymbol{B}=\nabla\times\boldsymbol{A} \tag{6.13}$$

这里 $\boldsymbol{A}$ 为磁势,写成分量为

$$\boldsymbol{B}=\begin{pmatrix}\boldsymbol{i} & \boldsymbol{j} & \boldsymbol{k}\\ \partial_x & \partial_y & \partial_z\\ A_x & A_y & A_z\end{pmatrix} \tag{6.14}$$

也就是

$$\begin{aligned}B_x&=\partial_yA_z-\partial_zA_y\\ B_y&=\partial_zA_x-\partial_xA_z\\ B_z&=\partial_xA_y-\partial_yA_x\end{aligned} \tag{6.15}$$

如图 6.1 所示,磁场只是沿 z 负方向,也就是只有 B_z 分量。考虑到磁场沿负方向,那么我们可以假设磁势为

$$A_x=By \tag{6.16}$$

当有磁场时,量子力学中的动量算符也会有所变化。由于磁势只有在 x 方向存在,动量算符在 x 方向上变化为

$$\boldsymbol{p}_x=-\mathrm{i}h\frac{\partial}{\partial x}\rightarrow\boldsymbol{D}_x=-\mathrm{i}\hbar\frac{\partial}{\partial x}+eBy \tag{6.17}$$

变化后的动量算符被称为协变动量算符。其他方向的动量算符形式不发生变化。因此,描述整数量子霍尔效应的薛定谔方程为

$$H\psi=\frac{1}{2m}[(p_x+eBy)^2+p_y^2]\psi \tag{6.18}$$

解的形式

$$\psi=\mathrm{e}^{\mathrm{i}kx}\phi(y) \tag{6.19}$$

将解代入方程中,得到薛定谔方程的新形式

$$\left[-\frac{\hbar^2}{2m}\frac{\mathrm{d}^2}{\mathrm{d}y^2}+\frac{m\omega_c^2}{2}(y-y_0)^2\right]\phi(y)=E\phi(y) \tag{6.20}$$

其中 $\omega_c=\dfrac{eB}{m}$,$y_0=\dfrac{\hbar k}{eB}$。解方程可以得到能级

$$E_n=(n+1)\hbar\omega_c \tag{6.21}$$

根据边界条件和波函数的连续性的性质,我们有周期条件

$$\psi(0,y)=\psi(L_x,y) \tag{6.22}$$

由这个周期条件我们可以得到

$$kL_x=2m\pi,\quad k=\frac{2\pi m}{L_x},\quad m=0,1,2,\cdots \tag{6.23}$$

y_0 需要满足的条件 $y_0<L_y$,$y_0=\dfrac{\hbar k}{eB}$,因此

$$k=\frac{y_0eB}{\hbar} \tag{6.24}$$

k 的取值不是任意的，存在一个最大值

$$k=\frac{L_y eB}{\hbar} \tag{6.25}$$

将 k 代入上式，我们得到

$$\frac{2\pi m}{L_x}=\frac{L_y eB}{\hbar} \tag{6.26}$$

上式可以重新表达为

$$m=\frac{L_x L_y B}{\frac{2\pi\hbar}{e}} \tag{6.27}$$

其中 $S=L_xL_y$ 为霍尔元件的面积。那么 $\Phi=L_xL_yB=BS$ 为穿过霍尔元件的磁通量。$\Phi_0=\frac{2\pi\hbar}{e}=\frac{h}{e}$定义为磁通量子。从量子力学的角度看，磁通量也是量子化的，任何界面的磁通量都可以写为磁通量子的整数倍。式(6.27)可以写为

$$m=\frac{\Phi}{\Phi_0} \tag{6.28}$$

整数 m 表示穿过霍尔元件的磁通量子的个数。根据霍尔效应的电阻率的定义，我们有

$$\rho_{xy}=\frac{B}{ne}=\frac{mh}{Se}\frac{1}{ne}=\frac{m}{nS}\frac{h}{e^2} \tag{6.29}$$

霍尔电阻为

$$R_{\mathrm{H}}=\frac{h}{\frac{n}{m}e^2} \tag{6.30}$$

这个表达式中最为重要的部分是$\frac{n}{m}$，这个比值说明在整数量子霍尔效应中，一个磁通量子可被几个电子占据。如果一个电子占据一个磁通量子，那么对应于图 6.2 中 $i=1$ 平台的情况。如果两个电子占据一个磁通量子，则对应于图 6.2 中 $i=2$ 平台的情况。

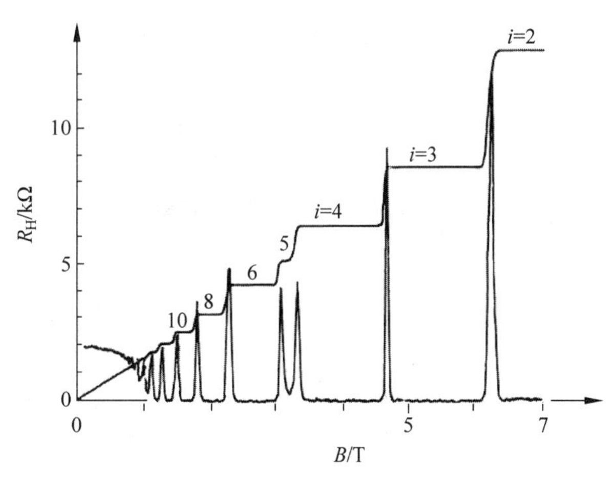

图 6.2　整数霍尔效应

将实验样品高度净化，将实验温度降得更低(85mK)，磁场更强(28T)，在这样的条件下进行实验，得到全新的实验现象，不仅有整数的平台，也有分数的平台，如图6.3所示。把这一现象称为分数量子霍尔效应。

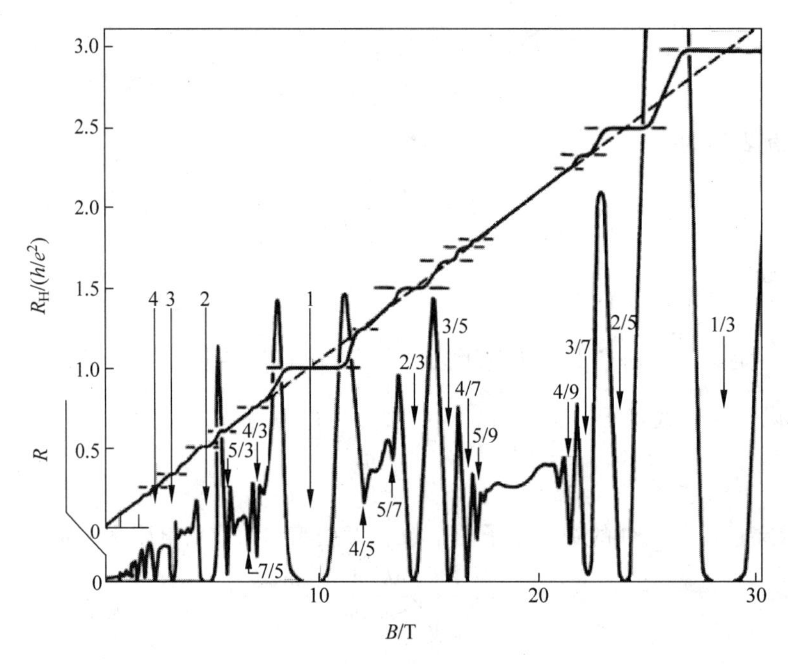

图6.3 分数霍尔效应

对于分数量子霍尔效应的理解，依然是电子和磁通量子之间的占据情况。例如 $i=\frac{1}{3}$ 的状态，我们称之为分数量子霍尔效应(FQHE)态。这一个状态可以理解为，一个电子占据三个磁通量子。当 $i=\frac{2}{5}$，可以理解为两个电子占据五个磁通量子。

习题

1. 试推导具有外磁场情况下，二维材料中的电导率和电阻率。
2. 若用磁势 $\boldsymbol{A}$ 表示磁场，写出磁感应强度与磁势的关系。
3. 磁通量子是如何定义的？试使用磁通量子说明整数量子霍尔效应的结果。

第7章 激光和激光冷却

光的受激辐射会产生单色性好、方向性好、相干性好的特殊光源——激光。产生激光还有一个重要的条件，那就是粒子数反转。在量子力学建立的初期，爱因斯坦就已经在理论上明确了粒子数反转条件下，光受激辐射可以得到激光，并且与黑体辐射理论相联系。激光以其优异的性能在军事、医学、交通运输等方面得到了广泛的应用。

7.1 玻耳兹曼统计分布

普通光源是光的自发辐射。普通光源的特点具有多波长、方向任意、不相干等特点。普通光源向四面八方辐射，光线分散到 4π 球面度的立体角内。普通光源非常常见，如太阳光、白炽灯光等都是普通光源。从量子力学的角度看，普通光源发出的光子的传播方向，光子的能量不尽相同。

激光是一种特殊的光源，是光源受激辐射发射出的光。激光具有单色性好、方向性好、相干性好、亮度高的特点。激光基本沿某一条直线传播，通常发散角限制在 10^{-6} 球面度量级的立体角内，激光的准直性很好。激光的这些特点来自于激光发射出的光子具有相同的传播方向，具有相同的能量。

激光的发现与量子力学的发展密切相关。1905 年爱因斯坦为了解释光电效应提出了光子学说，1909 年德布罗意提出了波粒二象性的假设。1917 年爱因斯坦提出了辐射理论，提出了受激辐射的概念，预测到光可以产生受激辐射而放大。1924 年，托尔曼(R. C. Tolman)指出，具有粒子数反转的介质具有光学增益，指出粒子数反转是产生激光的基本条件之一。图 7.1(a)表示粒子数正常分布，低能级上的粒子数多，系统稳定。图 7.1(b)表示粒子数反转。高能级粒子数多，系统不稳定。

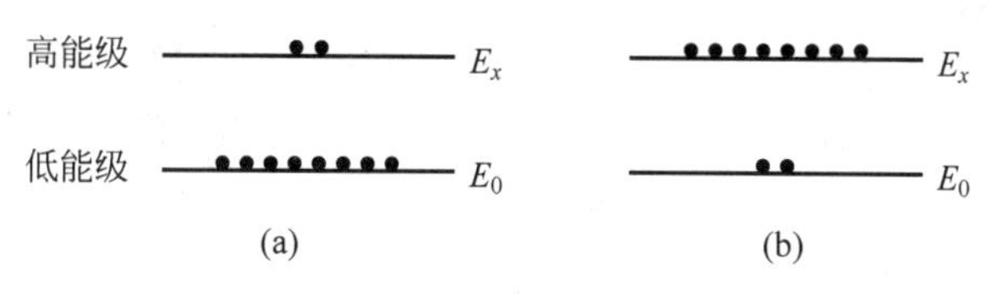

图 7.1 原子能级分布

1953 年，普罗霍罗夫(Prokhorov)和汤斯(H. Townes)分别独立制成了第一个微波受激辐射放大器(Maser)。1958 年，汤斯和肖洛(Schawlow)抛弃了尺度必须和波长可比拟的封闭式谐振腔的老思路，提出利用尺度远大于波长的开放式光谐振腔实现激光的新想法。美国休斯公司实验室一位从事红宝石荧光研究的年轻人梅曼在 1960 年 5 月 16 日利用红宝石棒首次观察到激光，在 7 月 7 日正式演示了世界第一台红宝石固态激光器；他在《自然》杂志(*Nature*，8 月 16 日)发表了一个简短的通知。

想要了解激光产生的原因，必须要了解辐射跃迁，也就是原子由高能级跃迁到低能级要放出光子。当原子吸收光子后，原子会由低能级跃迁到高能级。图 7.2 给出三种辐射跃迁，他们是：受激吸收；自发辐射；受激辐射。激光原理就是要研究光的受激辐射是如何在激光器内产生并占主导地位而抑制自发辐射。

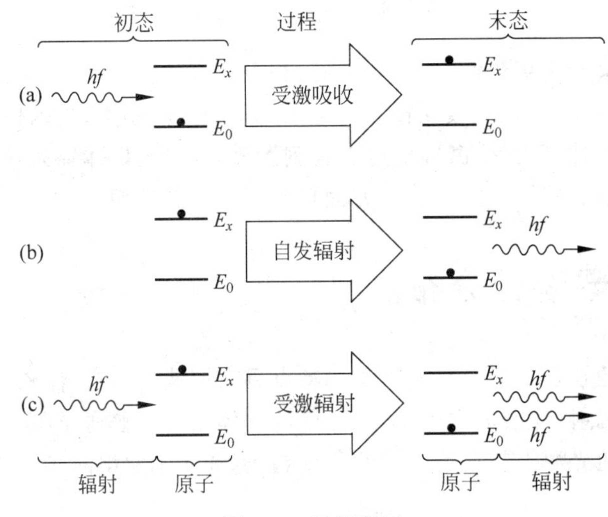

图 7.2 辐射跃迁

为了更好地了解粒子数反转，还要了解平衡态下，粒子的分布情况。先来看什么是玻耳兹曼分布。现考虑由 N 个相同粒子(原子、分子或离子)组成的系统，系统的能量为 E，体积为 V。热平衡条件下，系统的能级有 $\varepsilon_1,\varepsilon_2,\cdots,\varepsilon_l,\cdots$，对应能级的简并度为 $\omega_1,\omega_2,\cdots,\omega_l,\cdots$，对应能级上分布的粒子数为 $a_1,a_2,\cdots,a_l,\cdots$。因此有

$$\sum a_l = N,\quad \sum a_l\varepsilon_l = E \tag{7.1}$$

确定系统的微观状态要求确定处在每一个量子态上的粒子数。因此给定分布后，要确定玻色(费米)系统的微观状态，还必须确定每一个能级 a_l 个粒子占据其 ω_l 个量子态的方式。

对于玻耳兹曼系统，为了确定其微观状态，还必须确定处在各个能级 ε_l 上是哪 a_l 个粒子，以及在每个能级 ε_l 上 a_l 个粒子占据其 ω_l 个量子态的方式。对于玻耳兹曼系统，粒子是可分辨的。第一个粒子占据 ω_l 个量子态一共有 ω_l 种可能，第二个粒子占据 ω_l 个量子态一共有 ω_l 种可能。以此类推，对于 a_l 个粒子共有 $\omega_l^{a_l}$ 种可能。对于所有能级，共有

$$\prod_l \omega_l^{a_l} = \omega_1^{a_1}\omega_2^{a_2}\cdots \tag{7.2}$$

考虑到 N 个粒子相互交换，共有 $N!$ 种可能。因此有

$$\Omega_{M,B}=N!\ \prod_l \omega_l^{a_l} \tag{7.3}$$

$\prod_l \omega_l^{a_l}$ 已经考虑到了 a_l 个粒子的交换，因此 $N!$ 中重复计算了这部分，应该将这部分除去，有

$$\Omega_{M,B}=\frac{N!\ \prod_l \omega_l^{a_l}}{\prod_l a_l} \tag{7.4}$$

对于玻色系统，粒子是不可分辨的，一个量子态上能容纳的粒子数不限，若计算 a_l 个粒子占据 ε_l 上 ω_l 个量子态有几种可能，实际上就是要将 ω_l+a_l 个状态进行排列，一共有 $(\omega_l+a_l-1)!$ 种可能(第一个量子态是固定的)。由于粒子是不可分辨的，应除去粒子之间的交换数 $a_l!$，还要除去量子态之间的交换 $(\omega_l-1)!$。这样，a_l 个粒子占据能级 ε_l 上 ω_l 个量子态的可能种数有

$$\Omega_{B,E}=\prod_l \frac{(\omega_l+a_l-1)!}{a_l!(\omega_l-1)!} \tag{7.5}$$

对于费米系统，粒子是不可分辨的，每一个量子态最多只能容纳一个粒子。a_l 个粒子占据能级 ε_l 上 ω_l 个量子态，相当于从 ω_l 个量子态中挑出 a_l 个态被粒子占据。

$$\Omega_{F,D}=\prod_l \frac{\omega_l!}{a_l!(\omega_l-a_l)!} \tag{7.6}$$

为了得到进一步的表达式。首先看一个求和

$$\ln m!=\ln 1+\ln 2+\cdots+\ln m \tag{7.7}$$

这个求和可以看作是一个积分，积分变量 $\mathrm{d}x=1$，有

$$\ln m!=\int_1^m \ln x\,\mathrm{d}x \tag{7.8}$$

使用分部积分得到

$$\int_1^m \ln x\,\mathrm{d}x=x\ln x\,\big|_1^m-x\,\big|_1^m=m\ln m-m+1\approx m(\ln m-1) \tag{7.9}$$

因此，对于玻耳兹曼分布，有

$$\ln\Omega_{M,B}=\ln\left(\frac{N_l\prod_l \omega_l^{a_l}}{\prod_l a_l}\right) \tag{7.10}$$

因此

$$\ln\Omega_{M,B}=\ln N_l!+\sum_l \ln\omega_l^{a_l}-\sum_l \ln a_l! \tag{7.11}$$

使用以上公式，我们得到

$$\ln\Omega_{M,B}=N(\ln N-1)+\sum_l a_l\ln\omega_l-\sum_l a_l(\ln a_l-1) \tag{7.12}$$

近似的有

$$\ln\Omega_{M,B}=N\ln N+\sum_l a_l\ln\omega_l-\sum_l a_l\ln a_l \tag{7.13}$$

为了使 $\ln\Omega_{M,B}$ 为极大分布，令 a_l 有 δa_l 的变化，则

$$\delta\ln\Omega_{M,B} = \ln\Omega_{M,B}\big|_{a_l+\delta a_l} - \ln\Omega_{M,B}\big|_{a_l} = 0 \tag{7.14}$$

因此

$$\delta\ln\Omega_{M,B} = -\sum_l (a_l + \delta a_l)\ln(a_l + \delta a_l) + \sum_l (a_l + \delta a_l)\ln\omega_l - \left(-\sum_l a_l \ln a_l + \sum_l a_l \ln\omega_l\right) = 0 \tag{7.15}$$

因为 a_l 通常很大,因此 $a_l \delta a_l \ll \delta a_l \ln a_l$,所以近似有

$$-\sum_l \delta a_l \ln a_l + \sum_l \delta a_l \ln\omega_l = 0 \tag{7.16}$$

也就是

$$\sum_l \ln\frac{\omega_l}{a_l}\delta a_l = 0 \tag{7.17}$$

但是 δa_l 并不是独立的,因为 $\sum \delta a_l = \delta N = 0$,$\sum \delta a_l \varepsilon_l = \delta E = 0$。

在约束条件下,有

$$\delta\ln\Omega_{M,B} - \alpha\delta N - \beta\delta E = -\sum_l \left[\ln\left(\frac{a_l}{\omega_l}\right) + \alpha + \beta\varepsilon_l\right]\delta a_l = 0 \tag{7.18}$$

因此

$$\ln\left(\frac{a_l}{\omega_l}\right) + \alpha + \beta\varepsilon_l = 0 \tag{7.19}$$

解得

$$a_l = \omega_l e^{-\alpha-\beta\varepsilon_l} \tag{7.20}$$

α,β 为两个参数,对于处于平衡态的系统来说

$$\beta = \frac{1}{kT} \tag{7.21}$$

对于玻色分布为

$$a_l = \frac{\omega_l}{e^{\alpha+\beta\varepsilon_l} - 1} \tag{7.22}$$

对于费米分布为

$$a_l = \frac{\omega_l}{e^{\alpha+\beta\varepsilon_l} + 1} \tag{7.23}$$

7.2 激光

处于热平衡状态的系统,原子数按能级分布服从玻耳兹曼定律,也可以写为

$$n_i \propto g_i e^{-E_i/kT} \tag{7.24}$$

式中 g_i 为能级 E_i 的简并度;k 为玻耳兹曼常数;T 为热平衡时的绝对温度;n_i 表示处在 E_i 能级的原子数。分别处于 E_m 和 E_n 能级上的原子数 n_m 和 n_n 必然满足下一关系

$$\frac{n_m/g_m}{n_n/g_n} = e^{-\frac{E_m-E_n}{kT}} \tag{7.25}$$

热平衡条件下，处在高能级状态的粒子数总是小于处在低能级状态的粒子数。玻耳兹曼分布阐明了粒子在能级上的正常分布。从总的粒子集团来看，处于能量较低能级的粒子较多，处于能量较高能级的粒子较少，而处于基态的粒子最多。也就是说，处于热平衡状态的粒子体系，高能级上的粒子数总是少于低能级上的粒子数。处于越高能级的粒子数越少，而且按指数减少。

处于某一温度 T 的物体能够发出和吸收电磁辐射，称为热辐射或温度辐射。如果某一物体能够完全吸收任何波长的电磁辐射，则称此物体为绝对黑体，简称黑体。处于某一温度 T 的黑体在热平衡情况下，吸收的辐射能量等于发出的辐射能量，即黑体与辐射场之间处于能量(热)平衡状态。这种平衡必然导致空腔内存在完全确定的辐射场，这种辐射场称为黑体辐射(blackbody radiation)或平衡辐射。黑体辐射是黑体温度 T 和辐射场频率 ν 的函数，用单色能量密度 ρ_ν 来描述，单位为($\mathrm{Jm^{-3}}$)。其物理意义为在单位体积内，频率处于 ν 附近的单位频率间隔中的电磁辐射能量。根据普朗克提出的辐射能量量子化假设，在温度 T 的热平衡情况下，黑体辐射分配到腔内每个模式上的平均能量为

$$E=\frac{h\nu}{\mathrm{e}^{\frac{h\nu}{k_bT}}-1} \tag{7.26}$$

腔内，动量 $k+\mathrm{d}k\to k$ 所具有的量子态为

$$P=\frac{\frac{4}{3}\pi(k+\mathrm{d}k)^3-\frac{4}{3}\pi k^3}{h}=\frac{4\pi k^2\mathrm{d}k}{h} \tag{7.27}$$

其中动量 $k=\frac{h}{\lambda}=\frac{h\nu}{c}$。考虑到光子的自旋为1，自旋在动量方向上的投影有两个值±1。因此，动量 $k+\mathrm{d}k\to k$ 所具有的量子态为

$$P=\frac{8\pi k^2\mathrm{d}k}{h} \tag{7.28}$$

腔内单位体积中频率处于 ν 附近的单位频率间隔内的光波模式数为

$$n_\nu=\frac{P}{V\mathrm{d}\nu}=\frac{8\pi\nu^2}{c^3} \tag{7.29}$$

由此得到黑体辐射的普朗克公式

$$\rho_\nu=En_\nu=\frac{8\pi h\nu^3}{c^3}\frac{1}{\mathrm{e}^{\frac{h\nu}{k_bT}}-1} \tag{7.30}$$

黑体辐射实质上是辐射场和构成黑体的物质原子相互作用达到平衡的结果。这个平衡的过程也是黑体辐射场(光子)与物质中的原子相互作用的过程。光(辐射场)和物质相互作用有三过程，分别是自发辐射、受激辐射和受激吸收。我们假设系统中，物质是同类原子(粒子)组成的体系；系统中参与相互作用的原子只有两个能级 E_2、E_1，E_2 是高能级，E_1 是低能级。单位体积内处于两能级的原子数分别为 n_1、n_2。

若腔中的物质与光子相互作用是自发辐射，粒子受到激发而进入的激发态，不是粒子的稳定状态，如存在着可以接纳粒子的较低能级，即使没有外界作用，粒子也有一定的概率自发地从高能级激发态 E_2 向低能级基态 E_1 跃迁。自发辐射的特点是各个处于高能级的粒子都是自发地、独立地进行跃迁，不受外界辐射场控制；大量原子的自发辐射光波可以有不

同的相位和不同的偏振方向，它们可以向空间各个方向传播。所以自发辐射光是非相干光。这一跃迁是自发产生，并且辐射是独立的。辐射出光子的能量为

$$h\nu = E_2 - E_1 \tag{7.31}$$

在 $t \to t + \mathrm{d}t$ 时间内，由高能级 E_2 自发跃迁到低能级 E_1 的粒子数 $(\mathrm{d}n_{21})_{sp}$ 可由下式描述

$$(\mathrm{d}n_{21})_{sp} = A_{21} n_2 \mathrm{d}t \tag{7.32}$$

由此可以得到

$$A_{21} = \left(\frac{\mathrm{d}n_{21}}{\mathrm{d}t}\right)_{sp} \frac{1}{n_2} \tag{7.33}$$

解方程得到处于高能级的粒子数为

$$n_2(t) = n_{20} \exp(-A_{21} t) = n_{20} \exp\left(-\frac{t}{\tau_s}\right) \tag{7.34}$$

参数 A_{21} 被称为自发跃迁爱因斯坦系数，表示每一个处于 E_2 能级的粒子在单位时间内自发向 E_1 能级跃迁的概率。这个系数只与原子自身的性质有关，是原子在 E_2 能级上的平均寿命的倒数，也就是 $A_{21} = \frac{1}{\tau_s}$。

若腔中物质和光子相互作用是受激吸收，处于较低能级的粒子在受到外界的激发，吸收了能量时，跃迁到与此能量相对应的较高能级。其特点是非自发的，有辐射场作用，并且相互作用会减弱辐射的强度。在 $t \to t + \mathrm{d}t$ 时间内，由低能级 E_1 受激吸收到高能级 E_2 的粒子数 $(\mathrm{d}n_{12})_{st}$，可由下式描述

$$(\mathrm{d}n_{12})_{st} = W_{12} n_1 \mathrm{d}t \tag{7.35}$$

由此可以得到

$$W_{12} = \left(\frac{\mathrm{d}n_{12}}{\mathrm{d}t}\right)_{st} \frac{1}{n_1} \tag{7.36}$$

W_{12} 与原子性质有关，与场有关，称为受激吸收跃迁概率。通常可以写为

$$W_{12} = B_{12} \tag{7.37}$$

B_{12} 只与原子性质有关，称为受激吸收跃迁爱因斯坦系数。

若腔中物质与光子相互作用是受激辐射，当频率为 $\nu = (E_2 - E_1)/h$ 的光子入射时，会引发粒子以一定的概率，迅速地从能级 E_2 跃迁到能级 E_1，同时辐射一个与外来光子频率、相位、偏振态以及传播方向都相同的光子。受激辐射是在外界辐射场控制下的发光过程，应具有和外界辐射场相同的相位。受激辐射的特点是非自发的，有辐射场作用；增强辐射的强度；与原光子性质、状态完全相同。量子电动力学证明受激辐射光子与入射（激励）光子属于同一光子态。或者说，受激辐射场与入射辐射场有相同的频率、相位、偏振态、传播方向，因而属于同一模式，称为全同光子。受激辐射发出的光为相干光。激光就是一种受激辐射相干光。在 $t \to t + \mathrm{d}t$ 时间内，由高能级 E_2 受激辐射到低能级 E_1 的粒子数 $(\mathrm{d}n_{21})_{st}$ 可由下式描述

$$(\mathrm{d}n_{21})_{st} = W_{21} n_2 \mathrm{d}t \tag{7.38}$$

W_{21} 与原子性质有关，与场有关，称为受激辐射跃迁概率，可以写为

$$W_{21} = B_{21} \tag{7.39}$$

称为受激辐射跃迁爱因斯坦系数，只与原子性质有关。

空腔中物质与光子的相互作用实际上是上述三种辐射跃迁的平衡。由此可以得到爱因斯坦系数之间的关系。腔内黑体辐射场与物质原子相互作用的结果应该维持黑体处于温度为 T 的热平衡状态。腔内存在着由普朗克公式表示的热平衡黑体辐射，物质原子数分布服从玻耳兹曼分布。热平衡条件下，n_2(或 n_1)保持不变，即从能级 E_2 跃迁到能级 E_1 的粒子数应等于从能级 E_1 跃迁到能级 E_2 上的粒子数。

$$n_2A_{21}+n_2B_{21}\rho_\nu=n_1B_{12}\rho_\nu \tag{7.40}$$

因此

$$\rho_\nu=\frac{A_{21}}{B_{21}}\frac{1}{\frac{f_1}{f_2}\frac{B_{12}}{B_{21}}e^{\frac{h\nu}{k_bT}}-1} \tag{7.41}$$

$$\frac{B_{21}}{A_{21}}=\frac{c^3}{8\pi h\nu^3},\quad B_{12}f_1=B_{21}f_2 \tag{7.42}$$

或

$$\frac{A_{21}}{B_{21}}=\frac{8\pi h\nu^3}{c^3}=n_\nu h\nu \tag{7.43}$$

激光器工作时，工作物质中受激辐射占优势，必须使处在高能级 E_2 的粒子数大于处在低能级 E_1 的粒子数，这种分布正好与平衡态时的粒子分布相反，称为粒子数反转分布，简称粒子数反转，实现粒子数反转是产生激光的必要条件。在无外界激励的常温下，光的受激吸收比受激辐射占优势，光总是在衰减。要使激光物质能对光进行放大，必须使物质中的受激辐射大于受激吸收，或者说必须使高能级的粒子数大于低能级的粒子数——即要实现“粒子数反转分布”，处于粒子数反转分布的物质称为“激活物质”或“增益物质”(inverted laser medium)。只有当外界向物质供应能量(称为激励或泵浦过程)从而使物质处于非热平衡状态时，粒子数反转分布才有可能实现，激励或泵浦过程是光放大的必要条件。首先由泵浦源激励工作物质，产生粒子数反转分布；自发跃迁产生自发辐射光子，它们的辐射方向是任意的；只有那些沿着与谐振腔轴线夹角较小的方向传播的光子流，才有可能在腔内沿轴线方向来回反射传播，在腔内的激活物质中来回穿行。在这一过程中由于受激辐射跃迁而产生大量的全同光子，满足阈值条件后形成激光。

如果能创造一种情况，使腔内某一特定模式(或少数几个模式)的 ρ_ν 大大增加，而其他所有模式的 ρ_ν 很小，就能在这一特定模式(或少数几个模式)内形成很高的光子简并度。即，使相干的受激辐射光子集中在某一特定模式(或少数几个模式)内，而不是均匀分配在所有模式内。光波模式的选择，由两块平行平面反射镜完成，即法布里-珀罗(Fabry-Perot)干涉仪。在受激辐射过程中，通过一个光子的激励作用可以得到两个全同光子，若这两个全同光子再引起其他原子产生受激辐射就能得到更多的全同光子，这种现象称为光放大。这是产生激光放大和振荡的一个重要概念，光放大须在一定条件下产生。

7.3 激光冷却与捕获中性原子

利用激光光子和原子间的动量传递,使原子云(团)的速度分布范围压缩。利用激光光场形成的势阱对原子进行捕陷或囚禁。温度实际上反映了空气中分子的运动能量的大小,温度越低,空气分子平均动能越小。根据气体分子的麦克斯韦分布,有

$$\overline{\varepsilon_k}=\frac{i}{2}kT \tag{7.44}$$

利用共振激光与原子束对射,在原子受激吸收过程中,光子的定向动量传给原子,使原子减速。然后,原子自发辐射回到基态。这时,发射光子方向是任意的,从大量平均效果来说,自发辐射对原子动量改变贡献为零。1985年,华裔科学家朱棣文和他的同事在美国新泽西州荷尔德尔(Holmdel)的贝尔实验室进一步用两两相对互相垂直的六束激光(其被称为“光学粘胶”)使原子减速,聚集了大量的冷却下来的原子,组成了肉眼看上去像是豌豆大小的发光的气团。这一现象并未维持多久,因为其并未使原子陷俘。

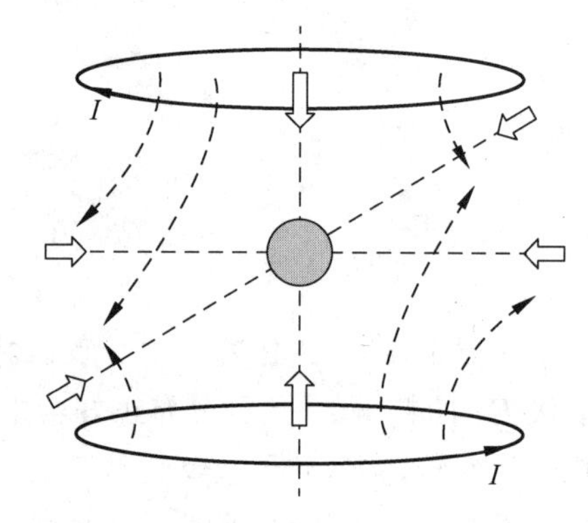

图7.3 激光冷却磁势阱

激光冷却磁势阱如图7.3所示,用六束激光再加上两个线圈组成。线圈产生微小变化的磁场,该磁场最小值处于激光相交的位置,由于塞曼效应,会产生一个比重力大的力,从而把原子拉回到势阱中心。从而原子被约束在一个很小的区域。

习题

1. 考虑由 N 个相同粒子(原子、分子或离子)组成的系统,系统的能量为 E,体积为 V。热平衡条件下,系统的能级有 $\varepsilon_1,\varepsilon_2,\cdots,\varepsilon_l,\cdots$,对应能级的简并度为 $\omega_1,\omega_2,\cdots,\omega_l,\cdots$,对应能级上分布的粒子数为 $a_1,a_2,\cdots,a_l,\cdots$,试推导玻耳兹曼分布。

2. 形成稳定的激光的条件是什么?

3. 原子在高低能级之间发生跃迁,一共有几种跃迁方式?试论述这几种过程。

4. 激光形成过程中原子与光子有哪几种相互作用?要想得到稳定的激光,这些相互作用需要满足什么条件?

5. 证明黑体辐射腔内,动量 $k+\mathrm{d}k\rightarrow k$ 所具有的量子态数目为 $P=\dfrac{8\pi k^2\mathrm{d}k}{h}$。

6. 激光冷却原子的原理是什么?

X射线衍射

X射线是一种电磁波，其波长约为0.1nm，具有很高的能量。X射线一方面表现出了物质的波粒二象性，一方面为证明晶体周期性的结构提供了方法。近代X射线衍射的方法已经成为晶体结构研究的重要方法之一。

8.1 X射线物理基础

X射线是一种波长很短的电磁波，波长在10^{-8}cm左右，具有波动性和粒子性。1895年德国物理学家伦琴发现X射线。X射线的特点：肉眼不可见，但能使气体电离，使照相底片感光，能穿过不透明的物体，还能使荧光物质发出荧光；呈直线传播，在电场和磁场中不发生偏转；当穿过物体时仅部分被散射；对生物细胞有杀伤作用。X射线的波粒二象性方程为

$$\varepsilon = h\nu = \frac{hc}{\lambda} \tag{8.1}$$

$$p = \frac{h}{\lambda} \tag{8.2}$$

X射线的产生需要特定的条件。X射线是高速运动的粒子与某种物质相撞击后猝然减速，且与该物质中的内层电子相互作用而产生的。产生X射线的结构叫X射线管，由以下几个部分组成：(1)阴极，就是一个灯丝，其作用是发射电子。灯丝通常由钨丝制成，加热后热辐射电子。(2)阳极，也叫作靶，其作用是发射X射线。使电子突然减速并释放X射线。(3)窗口，是X射线的出射通道。既能让X射线出射，又能使管密封。窗口材料用金属铍或硼酸铍锂。窗口与靶面常成3°～6°的斜角，以减少靶面对出射X射线的阻碍。(4)靶要具有良好的散热性能。高速电子转换成X射线的效率只有1%，其余99%都作为热能散发了，所以靶材料要导热性能好，常用黄铜或紫铜制作，还需要循环水冷却。因此X射线管的功率有限，大功率需要用旋转阳极。(5)焦点，也就是阳极靶表面被电子轰击的一块面积，X射线就是从这块面积上发射出来的。焦点的尺寸和形状是X射线管的重要特性之一。焦点的形状取决于灯丝的形状，螺旋形灯丝产生长方形焦点。常用X射线管的功率为500～3000W。为了不断提高X射线管的功率，人们还发明了旋转阳极。因阳极不断旋转，电子

束轰击部位不断改变，故提高功率也不会烧熔靶面。目前有100kW的旋转阳极，其功率比普通X射线管大数十倍。X射线衍射工作中希望细焦点和高强度；细焦点可以提高分辨率；高强度则可以缩短曝光时间、提高信号强度。目前有旋转阳极X射线管、细聚焦X射线管和闪光X射线管。

X射线强度与波长的关系曲线，称为X射线谱。在管电压很低，小于20kV时，曲线是连续变化的，故称为连续X射线谱，即连续谱。当管电压超过某临界值时，特征谱才会出现，该临界电压称激发电压。当管电压增加时，连续谱和特征谱强度都增加，而特征谱对应的波长保持不变。钼靶X射线管当管电压等于或高于20kV时，则除连续X射线谱外，位于一定波长处还叠加有少数强谱线。钼靶X射线管在35kV电压下的谱线，其特征谱线分别位于0.63Å和0.71Å处，后者的强度约为前者强度的5倍。这两条谱线称钼的K系。

特征X射线的产生机理与靶物质的原子结构有关(见图8.1)。原子壳层按其能量大小分为数层，通常用K、L、M、N等字母代表它们的名称。但当管电压达到或超过某一临界值时，则阴极发出的电子在电场加速下，可以将靶物质原子深层的电子击到能量较高的外部壳层或击出原子外，使原子电离。阴极电子将自己的能量给予受激发的原子，而使它的能量增高，原子处于激发状态。如果K层电子被击出K层，称K激发，L层电子被击出L层，称L激发，其余各层依此类推。当K层电子被打出K层时，若L层电子来填充K层空位，则产生K_α辐射。X射线的能量为电子跃迁前后两能级的能量差，即

$$h\nu_{K_\alpha}=W_K-W_L=h\nu_K-h\nu_L$$

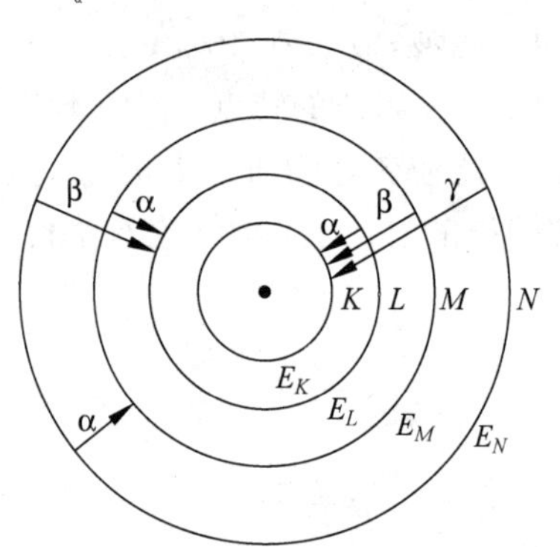

图8.1 X射线谱线

同样当K层空位被M层电子填充时，则产生K_β辐射。M能级与K能级之差大于L能级与K能级之差，即一个K_β光子的能量大于一个K_α光子的能量；但因$L\to K$跃迁的概率比$M\to K$跃迁概率大，故K_α辐射强度比K_β辐射强度大5倍左右。

当L层电子填充K层后，原子由K激发状态变成L激发状态，此时更外层如M、N……层的电子将填充L层空位，产生L系辐射。因此，当原子受到K激发时，除产生K系辐射外，还将伴生L、M等系的辐射。除K系辐射因波长短而不被窗口完全吸收外，其余各系均因波长长而被吸收。K_α双线的产生与原子能级的精细结构相关。L层的八个电子分别位于三个亚层上，能量并不相同。K_α双线系电子分别是由$L_{\rm III}$和$L_{\rm II}$两个亚层跃迁到L层时产生的辐射，而由$L_{\rm I}$亚层到K层因不符合选择定则(此时$\Delta l=0$)，因此没有辐射。

8.2 晶面指数标定

1895 年伦琴发现 X 射线后，认为 X 射线是一种波，但无法证明。当时晶体构造的周期性也没有得到证明。1912 年劳厄将 X 射线用于 $CuSO_4$ 晶体衍射，同时证明了这两个问题，从此诞生了 X 射线晶体衍射学。

X 射线衍射可归结为两方面的问题：第一是衍射方向问题，是依靠布拉格方程，或倒易点阵的理论进行研究的。第二是衍射强度的问题，主要介绍多晶体衍射线条的强度，将从一个电子的衍射强度研究起，接着研究一个原子的、一个晶胞的以至整个晶体的衍射强度，最后引入一些几何与物理上的修正因数，从而得出多晶体衍射线条的积分强度。

晶体是具有规则周期性结构的固体结构。通常使用晶面指数对晶体进行描述。在点阵中设定参考坐标系，设置方法与确定晶向指数时相同。求得待定晶面在三个晶轴上的截距，若该晶面与某轴平行，则在此轴上截距为无穷大；若该晶面与某轴负方向相截，则在此轴上截距为一负值。取各截距的倒数，将三倒数化为互质的整数比，并加上圆括号，即表示该晶面的指数，记为(hkl)。晶面指数所代表的不仅是某一晶面，而是代表着一组相互平行的晶面。另外，在晶体内凡晶面间距和晶面上原子的分布完全相同，只是空间位向不同的晶面可以归并为同一晶面族，以$\{hkl\}$表示，它代表由对称性相联系的若干组等效晶面的总和。如图 8.2 所示，给出了不同晶面与坐标轴的截距。

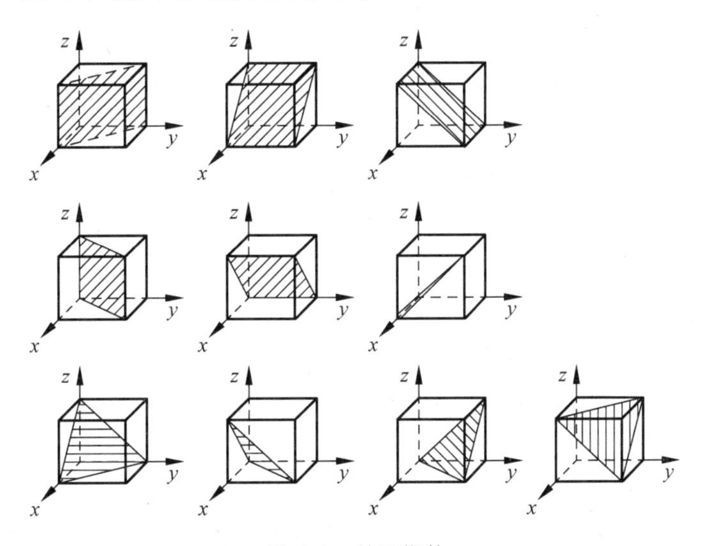

图 8.2 晶面指数

另外，还可以使用极射赤平投影来描述晶面。首先给出晶面在球面上的投影(见图 8.3)，以晶体的中心为球心作一个球面，将晶面的法线延长使之与球面相交。这个交点就是这个晶面的球面投影。然后将晶面(直线)在球面上的投影点与南极或者北极相连线(见图 8.4)。连线将与赤道平面相交，交点就是晶面(直线)的极射赤平投影点。通常北半球的点与南极相连，在赤道平面上用“•”表示。南半球的点与北极相连，在赤道平面上用“◦”表示。

对晶体的描述通常使用基本矢量与晶胞的概念。晶体中一个结点在空间三个方向上，

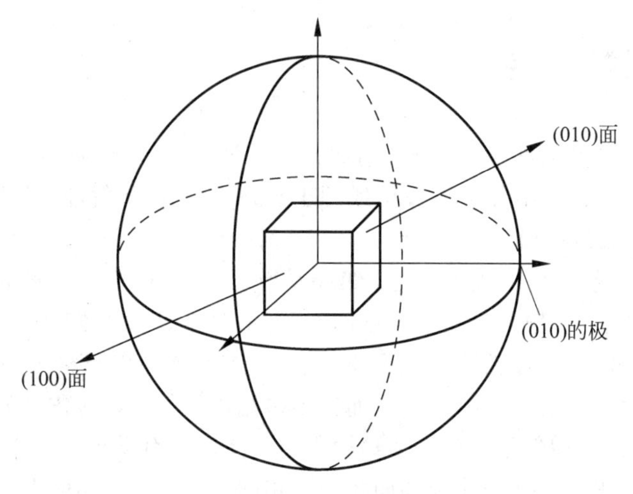

图 8.3　球面投影

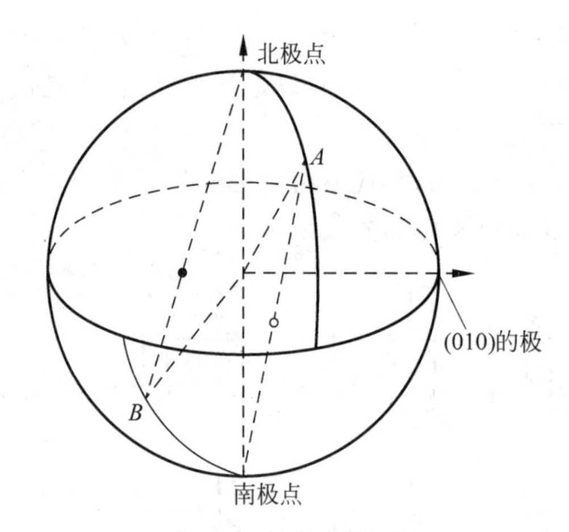

图 8.4　极射赤平投影

以 a,b,c 重复出现即可建立空间点阵。重复周期的矢量 $\boldsymbol{a},\boldsymbol{b},\boldsymbol{c}$ 称为点阵的基本矢量。由基本矢量构成的平行六面体称为点阵的单位晶胞(见图 8.5)。

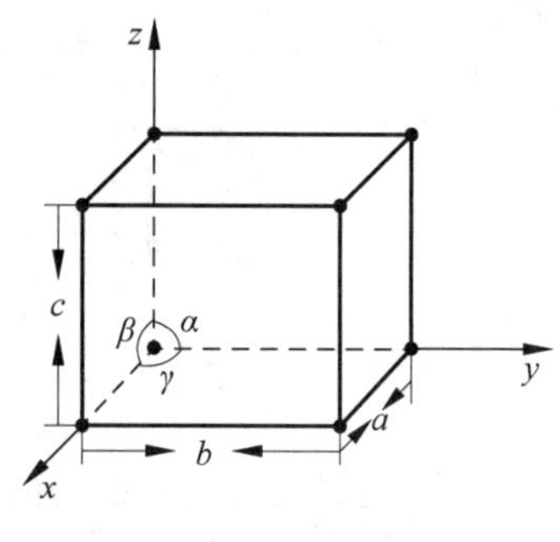

图 8.5　晶胞

同一个点阵可以由不同的平行六面体晶胞叠成。即可以任意选择不同的坐标系与基本矢量来表示。为了表达最简单,应该选择最理想、最适当的基本矢量作为坐标系统。即是以结点作为坐标原点,选取①基本矢量长度相等的数目最多,②其夹角为直角的数目最多,且③晶胞体积最小的基本矢量构成的晶胞称为布拉菲晶胞。每一个点阵只有一个最理想的晶胞即布拉菲晶胞。法国晶体学家布拉菲(A. Bravais)研究表明,按照上述三原则选取的晶胞只有 14 种,称为 14 种布拉菲点阵(见图 8.6)。14 种布拉菲点阵分属 7 个晶系中。

按晶胞中阵点位置的不同可将 14 种布拉菲点阵分为四类：简单(P)、体心(I)、面心

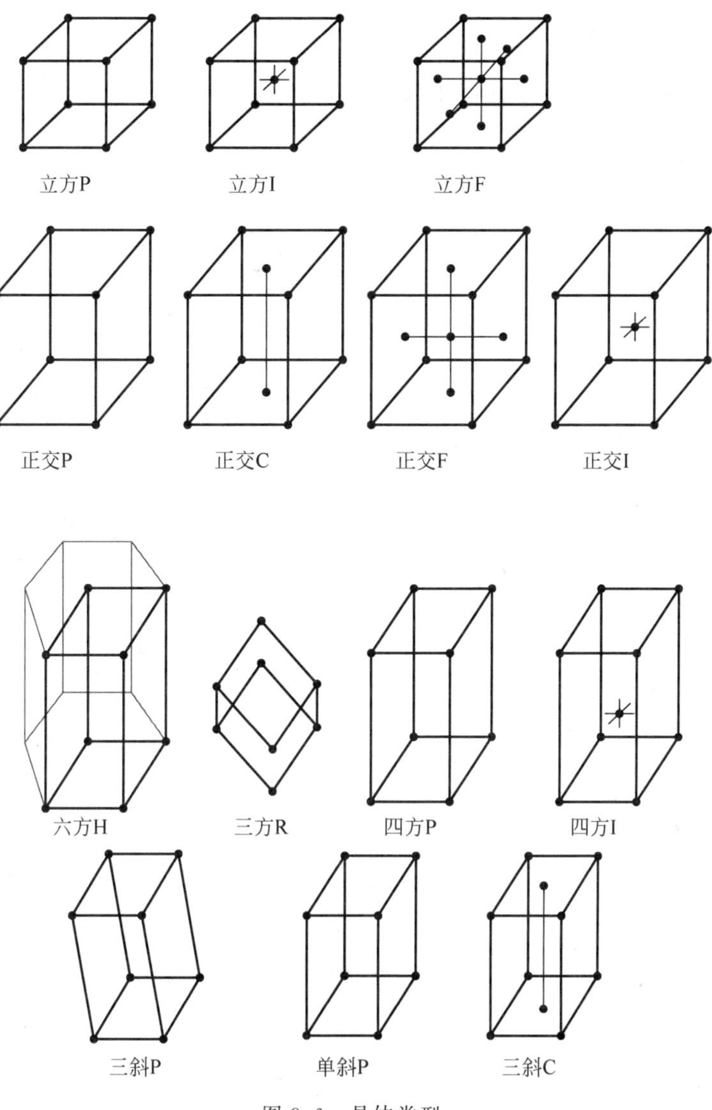

图 8.6　晶体类型

(F)、底心(C)。以晶胞的任意顶点为坐标原点,以与原点相交的三个棱边为坐标轴,分别用点阵周期(a,b,c)为度量单位作坐标,叫作阵点坐标。

8.3　晶体衍射理论

当X射线照射到晶体上时,考虑一层原子面上散射X射线的干涉。当X射线以θ角入射到原子面并以β角散射时,相距为a的两原子散射X射线的光程差为

$$\delta = a(\cos\theta - \cos\beta) \tag{8.3}$$

当光程差等于波长的整数倍$n\lambda$时,在θ角方向散射干涉加强,即光程差

$$\delta = 0 \tag{8.4}$$

从上式可得

$$\theta=\beta \tag{8.5}$$

如图 8.7 所示,只有当入射角与散射角相等时,同层原子面上所有原子的散射波干涉将会加强。因此,常将这种散射称为晶面反射。

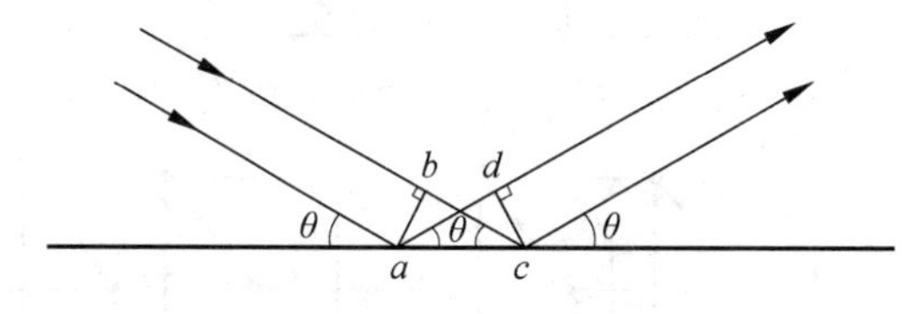

图 8.7 晶面反射

1912 年德国科学家马克斯·冯·劳厄(Laue)提出劳厄方程,用来表示以上干涉加强的情况。劳厄方程可以从三种情况进行说明。

(1) 一维劳厄方程

如图 8.8 所示,a 为点阵基矢,$\boldsymbol{s}_0$ 为入射线单位矢量,$\boldsymbol{s}$ 为散射线单位矢量。α_0 是 $\boldsymbol{s}_0$ 与 a 间的夹角,α 是 $\boldsymbol{s}$ 与 a 间的夹角。则任意两相邻原子(A、B)散射线间的光程差 δ 为

$$\delta=AM-BN=a\cos\alpha-a\cos\alpha_0 \tag{8.6}$$

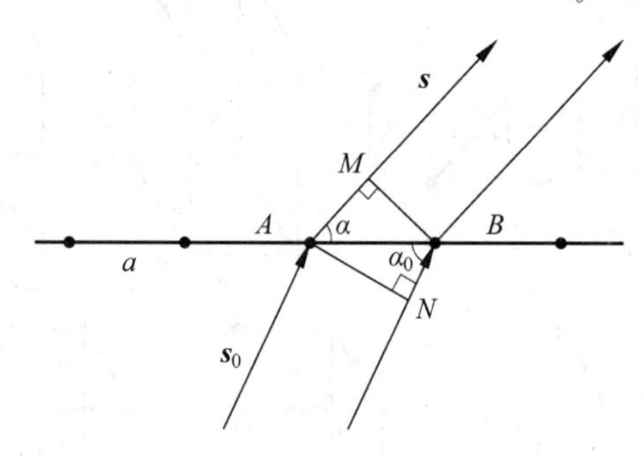

图 8.8 晶面散射

则散射线干涉加强的条件为

$$\delta=H\lambda \tag{8.7}$$

或

$$a(\cos\alpha-\cos\alpha_0)=H\lambda \tag{8.8}$$

式中,H 为任意整数。式(8.8)亦可改写为

$$\boldsymbol{a}\cdot(\boldsymbol{s}-\boldsymbol{s}_0)=H\lambda \tag{8.9}$$

(2) 二维劳厄方程

对一个二维阵列,可以设 a_1 和 a_2 分别为二维两方向上的点阵基矢,则沿 a_1 方向和 a_2 方向的一维劳厄方程为

$$\begin{cases}a_1(\cos\alpha-\cos\alpha_0)=H\lambda \\ a_2(\cos\beta-\cos\beta_0)=K\lambda\end{cases} \tag{8.10}$$

式中,H、K 为任意整数;α_0、β_0 是 $\boldsymbol{s}_0$ 与 a_1 及 a_2 的夹角;α、β 是 $\boldsymbol{s}$ 与 a_1 及 a_2 的夹角。式(8.10)也可写为

$$\begin{cases} \boldsymbol{a}_1 \cdot (\boldsymbol{s} - \boldsymbol{s}_0) = H\lambda \\ \boldsymbol{a}_2 \cdot (\boldsymbol{s} - \boldsymbol{s}_0) = K\lambda \end{cases} \tag{8.11}$$

我们把这个方程称为二维劳厄方程。

(3) 三维劳厄方程

三维点阵可用 a_1、a_2、a_3 三个基矢来表达,同理,在每个基矢方向上的一维劳厄方程为

$$a_1(\cos\alpha - \cos\alpha_0) = H\lambda$$
$$a_2(\cos\beta - \cos\beta_0) = K\lambda$$
$$a_3(\cos\gamma - \cos\gamma_0) = L\lambda \tag{8.12}$$

式中,H、K、L 为任意整数,α_0、β_0、γ_0 是 $\boldsymbol{s}_0$ 与 a_1、a_2、a_3 的夹角,α、β、γ 是 $\boldsymbol{s}$ 与 a_1、a_2、a_3 的夹角。式(8.12)称为三维劳厄方程,也可写为

$$\begin{cases} \boldsymbol{a}_1(\boldsymbol{s} - \boldsymbol{s}_0) = H\lambda \\ \boldsymbol{a}_2(\boldsymbol{s} - \boldsymbol{s}_0) = K\lambda \\ \boldsymbol{a}_3(\boldsymbol{s} - \boldsymbol{s}_0) = L\lambda \end{cases} \tag{8.13}$$

解析几何知

$$\begin{cases} \cos^2\alpha_0 + \cos^2\beta_0 + \cos^2\gamma_0 = 1 \\ \cos^2\alpha + \cos^2\beta + \cos^2\gamma = 1 \end{cases} \tag{8.14}$$

称为劳厄方程的约束性或协调性方程。

X 射线有强的穿透能力,晶体的散射线来自若干层原子面,各原子面的散射线之间还要互相干涉。两相邻原子面的散射波的干涉,其光程差为

$$\delta = 2d\sin\theta \tag{8.15}$$

当光程差等于波长的整数倍时,相邻原子面散射波干涉加强,即干涉加强条件为

$$2d\sin\theta = n\lambda \tag{8.16}$$

这个公式称为布拉格公式。由布拉格公式可以得到衍射极限条件,可知

$$\sin\theta = n\lambda/2d \tag{8.17}$$

因 $\sin\theta < 1$,故

$$n\lambda/2d < 1 \tag{8.18}$$

考虑 $n=1$(即 1 级反射)的情况,此时

$$\lambda/2 < d \tag{8.19}$$

这就是能产生衍射的限制条件。它说明用波长为 λ 的 X 射线照射晶体时,晶体中只有面间距 $d>\lambda/2$ 的晶面才能产生衍射。例如,一组晶面间距从大到小排序:2.02Å,1.43Å,1.17Å,1.01Å,0.90Å,0.83Å,0.76Å……当用波长为 $\lambda_{k\alpha}=1.94$Å 的铁靶照射晶面时,因 $\lambda_{k\alpha}/2=0.97$Å,只有四个晶面间距大于它,故产生衍射的晶面组有四个。如用铜靶进行照射,因 $\lambda_{k\alpha}/2=0.77$Å,故前六个晶面组都能产生衍射。

为了使用方便,常将布拉格公式改写成

$$2\frac{d_{hkl}}{n}\sin\theta = \lambda \tag{8.20}$$

如令 $d_{HKL}=\frac{d_{hkl}}{n}$,则

$$2d_{HKL}\sin\theta=\lambda \tag{8.21}$$

可将(hkl)晶面的 n 级反射,看成(HKL)晶面的 1 级反射。(HKL)与(hkl)面互相平行,晶面间距为(hkl)晶面的$\frac{1}{n}$。(HKL)晶面不一定是晶体中的原子面,而是为了简化布拉格公式而引入的反射面,常将它称为干涉面。(HKL)为干涉指数。

布拉格方程是 X 射线衍射分析中最重要的基础公式,反映衍射时的基本关系,所以应用非常广泛。从实验角度可归结为两方面的应用:一方面是用已知波长的 X 射线去照射晶体,通过衍射角的测量求得晶体中各晶面的面间距 d,这就是结构分析——X 射线衍射学;另一方面是用一种已知面间距的晶体来反射从试样发射出来的 X 射线,通过衍射角的测量求得 X 射线的波长,这就是 X 射线光谱学。采用该法除可进行光谱结构的研究外,从 X 射线的波长还可确定试样的组成元素。电子探针就是按这原理设计的。

布拉格方程也可以用衍射矢量方程来表示。首先我们引入倒易点阵(reciprocal space)。倒易点阵是一种晶体学表示方法,是厄瓦尔德于 1912 年创立的,它是在量纲为$[L]^{-1}$的倒空间内的另外一个点阵,与正空间内的某特定的点阵相对应。

1. 倒易点阵基矢的定义

如果用点阵基矢 $\boldsymbol{a}_i\,(i=1,2,3)$定义一正点阵,如图 8.9 所示。若由另一个点阵基矢 $\boldsymbol{a}_j^*\,(j=1,2,3)$定义的点阵满足

$$\boldsymbol{a}_1^*=\frac{\boldsymbol{a}_2\times\boldsymbol{a}_3}{\boldsymbol{a}_1\cdot(\boldsymbol{a}_2\times\boldsymbol{a}_3)}=\frac{\boldsymbol{a}_2\times\boldsymbol{a}_3}{V} \tag{8.22}$$

$$\boldsymbol{a}_2^*=\frac{\boldsymbol{a}_3\times\boldsymbol{a}_1}{\boldsymbol{a}_2\cdot(\boldsymbol{a}_3\times\boldsymbol{a}_1)}=\frac{\boldsymbol{a}_3\times\boldsymbol{a}_1}{V} \tag{8.23}$$

$$\boldsymbol{a}_3^*=\frac{\boldsymbol{a}_1\times\boldsymbol{a}_2}{\boldsymbol{a}_3\cdot(\boldsymbol{a}_1\times\boldsymbol{a}_2)}=\frac{\boldsymbol{a}_1\times\boldsymbol{a}_2}{V} \tag{8.24}$$

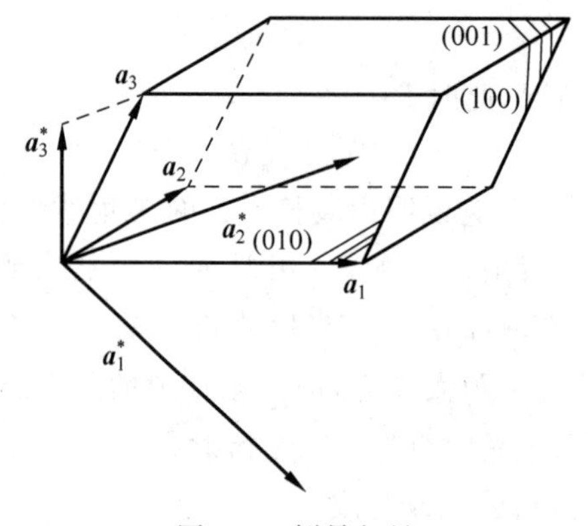

图 8.9　倒易矢量

式(8.22),式(8.23)和式(8.24)中,阵胞体积V为

$$V=\boldsymbol{a}_1\cdot(\boldsymbol{a}_2\times\boldsymbol{a}_3)=\boldsymbol{a}_2\cdot(\boldsymbol{a}_3\times\boldsymbol{a}_1)=\boldsymbol{a}_3\cdot(\boldsymbol{a}_1\times\boldsymbol{a}_2) \tag{8.25}$$

则由$\boldsymbol{a}_j^*$定义的点阵为$\boldsymbol{a}_i$定义的点阵的倒易点阵。

2. 倒易点阵的性质

$$\boldsymbol{a}_i\cdot\boldsymbol{a}_j^*=\begin{cases}1(i=j)\\0(i\neq j)\end{cases} \tag{8.26}$$

由此可知,$\boldsymbol{a}_i$与$\boldsymbol{a}_j^*$分别定义的正点阵与倒易点阵互为倒易。

下面我们定义倒易矢量并给出其基本性质。在倒易点阵中,以任一倒易点为坐标原点$O^*(0,0,0)$,由倒易原点$O^*(0,0,0)$指向任一坐标(HKL)的矢量称为倒易矢量,表达为

$$\boldsymbol{r}_{HKL}^*=H\boldsymbol{a}_1^*+K\boldsymbol{a}_2^*+L\boldsymbol{a}_3^* \tag{8.27}$$

其基本性质

$$\boldsymbol{r}_{HKL}^*\perp(HKL)$$

$$r_{HKL}^*=\frac{1}{d_{HKL}} \tag{8.28}$$

上式表明,倒易矢量垂直于正点阵中相应的(hkl)晶面,或平行于它的法向;倒易点阵的一个点代表的是正点阵中的一组晶面。倒易点阵和正点阵的关系如图8.10所示。

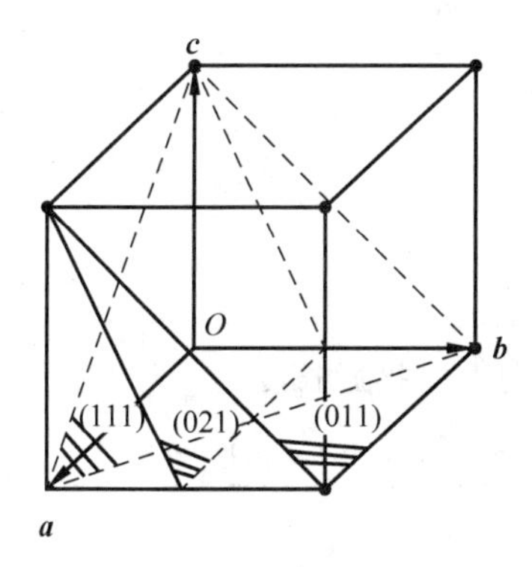

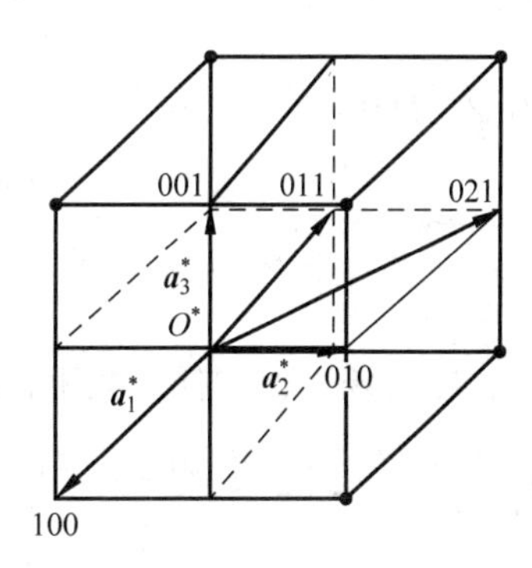

图8.10 正点阵和倒易点阵

下面,我们来证明这个结论:

(1) 设平面ABC为(HKL),根据晶体学的定义,如图8.11所示,(HKL)在三晶轴上的截距为

$$\frac{a_1}{H},\frac{a_2}{K},\frac{a_3}{L} \tag{8.29}$$

显然有

$$\boldsymbol{AB}=\frac{\boldsymbol{a}_2}{K}-\frac{\boldsymbol{a}_1}{H} \tag{8.30}$$

因为

$$\boldsymbol{r}_{HKL}^*\cdot\boldsymbol{AB}=(H\boldsymbol{a}_1^*+K\boldsymbol{a}_2^*+L\boldsymbol{a}_3^*)\cdot\left(\frac{\boldsymbol{a}_2}{K}-\frac{\boldsymbol{a}_1}{H}\right)=0 \tag{8.31}$$

$$\boldsymbol{r}_{HKL}^*\perp\boldsymbol{AB} \tag{8.32}$$

同理

$$\boldsymbol{r}^*_{HKL} \perp \boldsymbol{BC}$$

$$\boldsymbol{r}^*_{HKL} \perp \boldsymbol{AC} \tag{8.33}$$

则

$$\boldsymbol{r}^*_{HKL} \perp (HKL) \tag{8.34}$$

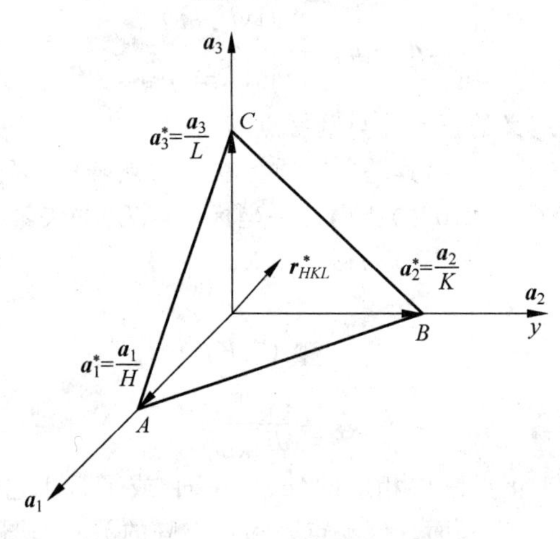

图 8.11 倒易矢量与晶面垂直

(2) 设 n_0 为(HKL)法线方向的单位矢量,显然

$$\boldsymbol{n}_0 \parallel \boldsymbol{r}^*_{HKL} \tag{8.35}$$

$$\boldsymbol{n}_0 = \frac{r^*_{HKL}}{r_{HKL}} \tag{8.36}$$

晶面间距 d_{HKL} 应为该平面的任一截距在法线方向上的投影长度

$$d_{HKL} = \boldsymbol{n}_0 \cdot \frac{\boldsymbol{a}_1}{H} = \frac{r^*_{HKL}}{r^*_{HKL}} \cdot \frac{\boldsymbol{a}_1}{H} = \frac{(H\boldsymbol{a}_1^* + K\boldsymbol{a}_2^* + L\boldsymbol{a}_3^*)}{r^*_{HKL}} \cdot \frac{\boldsymbol{a}_1}{H} = \frac{1}{r^*_{HKL}} \tag{8.37}$$

所以

$$r^*_{HKL} = \frac{1}{d_{HKL}} \tag{8.38}$$

(3) 对正交点阵,有

$$a_1^* \parallel a_1 \tag{8.39}$$

$$a_1^* = 1/a \tag{8.40}$$

(4) 对立方系来讲,晶面法向和同指数的晶向是重合的,即倒易矢量与相应指数的晶向平行。

$$\begin{cases} a_1^* = a_2^* = a_3^* = \dfrac{1}{a} \\ \alpha^* = \beta^* = \gamma^* = 90^0 \end{cases} \tag{8.41}$$

由衍射的必要条件反射定律和布拉格方程可以用一个统一的矢量方程——衍射矢量方程表达。

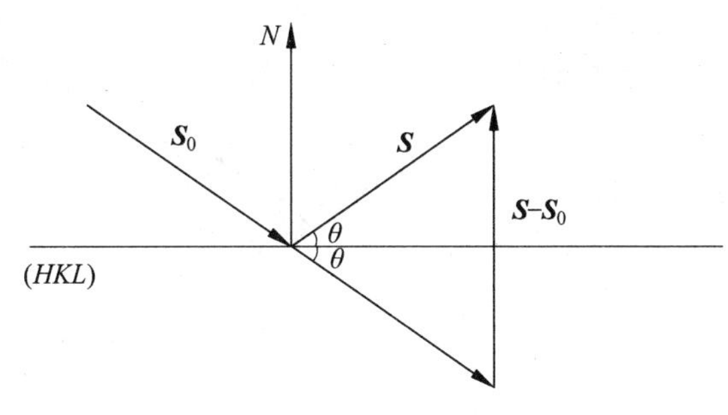

图 8.12 衍射矢量

设 $\boldsymbol{S}_0$ 为入射线方向单位矢量，$\boldsymbol{S}$ 为反射线方向单位矢量。假设反射面的干涉指数为 (HKL)，反射面法线 N。反射定律的构图如图 8.12 所示，$\boldsymbol{S}-\boldsymbol{S}_0$ 为衍射矢量，$\boldsymbol{S}$、$\boldsymbol{S}_0$ 与 N 共面，则必有

$$\begin{cases}\boldsymbol{S}-\boldsymbol{S}_0 \,/\!/\, \boldsymbol{N} \\ |\boldsymbol{S}-\boldsymbol{S}_0| = 2\sin\theta = \dfrac{\lambda}{d_{HKL}}\end{cases} \tag{8.42}$$

引入倒易矢量

$$|\boldsymbol{r}^*_{HKL}| = \frac{1}{d_{HKL}} \tag{8.43}$$

则

$$\frac{\boldsymbol{S}-\boldsymbol{S}_0}{\lambda} = \boldsymbol{r}^*_{HKL} \tag{8.44}$$

$$\boldsymbol{K}'-\boldsymbol{K} = \boldsymbol{r}^*_{HKL} \tag{8.45}$$

式(8.44)称为衍射矢量方程。其中 $\boldsymbol{K}'=\dfrac{\boldsymbol{S}}{\lambda}$，$\boldsymbol{K}=\dfrac{\boldsymbol{S}_0}{\lambda}$或令 $\boldsymbol{R}^*_{HKL}=\lambda\boldsymbol{r}^*_{HKL}$

$$\boldsymbol{S}-\boldsymbol{S}_0 = \boldsymbol{R}^*_{HKL} \tag{8.46}$$

也称为衍射矢量方程。

衍射矢量方程的几何图解形式，称为厄瓦尔德图解法。将衍射矢量方程写成

$$\frac{\boldsymbol{S}}{\lambda} - \frac{\boldsymbol{S}_0}{\lambda} = \boldsymbol{r}^*_{HKL} \tag{8.47}$$

进行几何图解，如图 8.13 所示，即可以用衍射矢量$\triangle OO^*P$ 表示，可见$\triangle OO^*P$ 为等腰三角形，因此有

$$\frac{|\boldsymbol{S}_0|}{\lambda} = \frac{|\boldsymbol{S}|}{\lambda} \tag{8.48}$$

$\dfrac{\boldsymbol{S}_0}{\lambda}$终点是倒易点阵原点 O^*。$\dfrac{\boldsymbol{S}}{\lambda}$终点是 $\boldsymbol{r}^*_{HKL}$ 的终点，即(HKL)晶面对应的倒易点。每个可能产生反射的晶面(HKL)均有各自的衍射矢量三角形。而晶体中有各种不同方位、不同晶面间距的(HKL)晶面，它们产生衍射时各自的衍射矢量的三角形的关系如图 8.14 所示。可见，入射$\dfrac{\boldsymbol{S}_0}{\lambda}$矢量是公共边。则反射线的终点(对应反射面的倒易点)落在半径为$\dfrac{1}{\lambda}$的球面

上，这个称为反射球上。由此可见，可能产生反射的晶面，倒易点必落在反射球上。据此，可得出表达晶体中产生衍射的各晶面必要条件的几何图解——厄瓦尔德图解法。

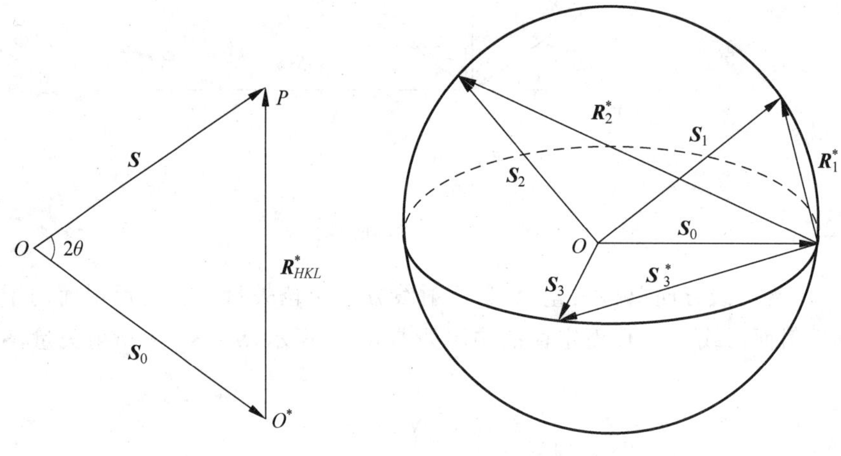

图 8.13　衍射矢量三角形　　　图 8.14　厄瓦尔德图解法

作图可以用以下具体步骤：首先作 $OO^*=\frac{S_0}{\lambda}$；然后作反射球（以 O 为圆心，$|OO^*|=\frac{1}{\lambda}$ 为半径作球）；以 O^* 为倒易原点，作晶体的倒易点阵。若倒易点阵中的倒易点落在反射球面上，则该倒易点相应之(HKL)晶面反射满足衍射矢量方程，或布拉格条件，反射球中心 O 与倒易点的连接矢量即为该(HKL)面的反射线方向矢量。

8.4　X 射线衍射实验方法

X 射线衍射实验方法有很多种，可以如图 8.15 来分类。

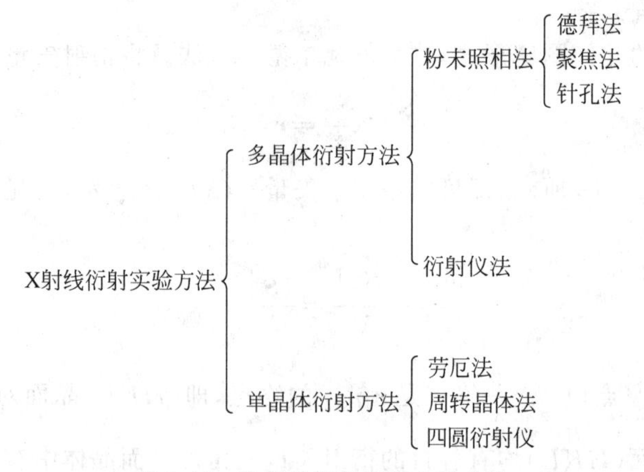

图 8.15　X 射线衍射实验方法分类

多晶体衍射与单晶体衍射具有很多类似的地方，这里我们主要介绍多晶体衍射方法。

1. 粉末照相法

粉末照相法是以X射线管发出的单色X射线照射圆柱形多晶粉末样品，用底片记录产生的衍射线。粉末多晶中不同的晶面族只要满足衍射条件都将形成各自的反射圆锥。用其轴线与样品轴线重合的圆柱形底片记录的称为德拜(Debye)法；用平板底片记录的称为针孔法。早期的X射线衍射分析多采用照相法，其中又以德拜法最常用，一般称照相法即指德拜法，德拜法照相装置称德拜相机。相机圆筒常常设计为内圆周长为180mm和360mm，对应的圆直径为ϕ57.3mm和ϕ114.6mm。这样设计的目的是使底片在长度方向上每毫米对应圆心角2°和1°，为将底片上测量的弧形线对距离$2L$折算成2θ角提供方便。利用发散度较大的入射线，照射到试样的较大区域，由这个区域发射的衍射线又能重新聚集，这种衍射方法称为聚集法。聚集相机的基本特征是狭缝光阑、试样和条状底片三者位于同一个聚集圆上。它所依据的几何原理是同一圆周上的同弧圆周角相等，并等于同弧圆心角的一半。按照这样的几何原理，让狭缝光阑、试样和条状底片三者采取不同的布置，便可设计出各种不同类型的聚集相机。

在获得一张衍射花样的照片后，我们必须确定照片上每一条衍射线条的晶面指数，这个工作就是德拜相的指标化，是德拜相的指数标定的过程。进行德拜相的指数标定，首先得测量每一条衍射线的几何位置(2θ角)及其相对强度，然后根据测量结果标定每一条衍射线的晶面指数。

衍射线条几何位置测量可以在专用的底片测量尺上进行，用带游标的量片尺可以测得衍射线弧对之间的距离$2L$，且精度可达0.02～0.1mm。当采用直径为ϕ114.6mm的德拜相机时，测量的衍射线弧对间距$2L$每毫米对应的2θ角为1°；若采用ϕ57.3mm的德拜相机时，测量的衍射线弧对间距2L每毫米对应的2θ角为2°。实际上由于底片伸缩、试样偏心、相机尺寸不准等因素的影响，真实相机尺寸应该加以修正。德拜相衍射线弧对的强度通常是相对强度，当要求精度不高时，这个相对强度常常是估计值，按很强(VS)、强(S)、中(M)、弱(W)和很弱(VW)分成5个级别。精度要求较高时，则可以用黑度仪测量出每条衍射线弧对的黑度值，再求出其相对强度。精度要求更高时，强度的测量需要依靠X射线衍射仪来完成。这一过程称为衍射花样照片的测量与计算。

2. 衍射仪法

X射线衍射仪是广泛使用的X射线衍射装置。1913年布拉格父子设计的X射线衍射装置是衍射仪的早期雏形，经过了近百年的演变发展，如今的衍射仪结构如图8.16所示。X射线(多晶体)衍射仪是以特征X射线照射多晶体样品，并以辐射探测器记录衍射信息的衍射实验装置。X射线衍射仪由X射线发生器、X射线测角仪、辐射探测器和辐射探测电路4个基本部分组成，现代X射线衍射仪还包括控制操作和运行软件的计算机系统。衍射仪法中辐射探测器沿测角仪圆转动，逐一接收衍射；德拜法中底片是同时接收衍射。相比之下，衍射仪法使用更方便，自动化程度高，尤其是与计算机结合，使得衍射仪在强度测量、花样标定和物相分析等方面具有更好的性能。

测角仪是X衍射仪中的重要部分。测角仪圆中心是样品台H。样品台可以绕中心O轴转动。平板状粉末多晶样品安放在样品台H上，并保证试样表面与O轴线严格重合。

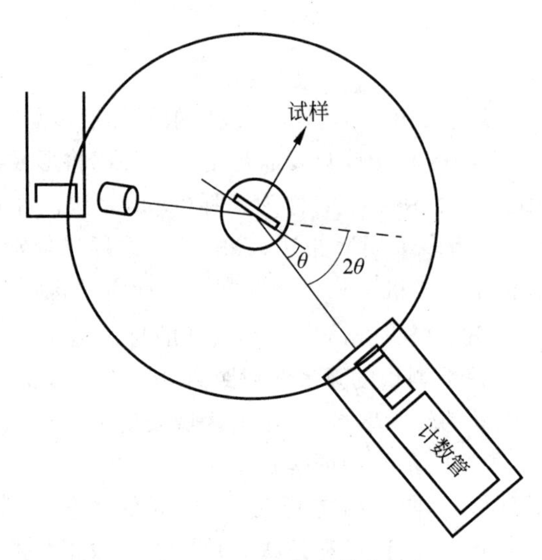

图 8.16　衍射仪结构

测角仪圆周上安装有 X 射线辐射探测器 D，探测器亦可以绕 O 轴线转动。工作时，探测器与试样同时转动，但转动的角速度为 2∶1 的比例关系。

当一束 X 射线从 S 照射到试样上的 A、O、B 三点，它们的同一$\{HKL\}$的衍射线都聚焦到探测器 F。S、F、O 三点确定一个圆，称之为聚焦圆。由于 $O'O$ 与过 O 的切线夹角为$\frac{\pi}{2}$，因此，圆周角

$$\angle SAF = \angle SOF = \angle SBF = \pi - 2\theta \tag{8.49}$$

因为测角仪圆的半径为 R，聚焦圆半径为 r，根据图 8.17 的衍射几何关系，可以求得聚焦圆半径 r 与测角仪圆的半径 R 的关系。在$\triangle SOO'$中，有

$$\cos\left(\frac{\pi - 2\theta}{2}\right) = \frac{SO/2}{OO'} = \frac{R/2}{r} \tag{8.50}$$

因此，有

$$r = R/2\sin\theta \tag{8.51}$$

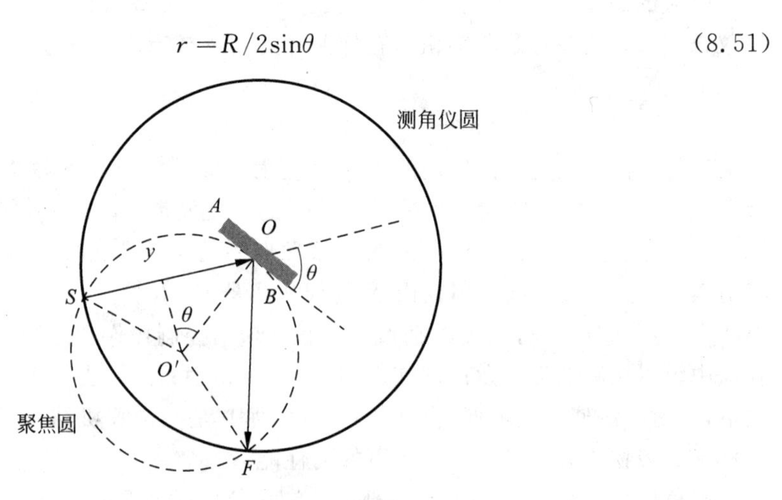

图 8.17　衍射几何关系

在式(8.51)中,测角仪圆的半径 R 是固定不变的,聚焦圆半径 r 则是随 θ 的改变而变化的。当 $\theta\to0°,r\to\infty$; $\theta\to90°,r\to r_{\min}=R/2$。这说明衍射仪在工作过程中,聚焦圆半径 r 是随 θ 的增加逐渐减小到 $R/2$,是时刻在变化的。又因为 S、F 是固定在测角仪圆同一圆周上的,若要 S、F 同时又满足落在聚焦圆的圆周上,那么只有试样的曲率半径随 θ 角的变化而变化。这在实验中是难以做到的。通常试样是平板状。设试样的被照射面积为 ΔS 时,当聚焦圆半径 $r\gg\Delta S$ 时,可以近似满足聚焦条件。完全满足聚焦条件的只有 O 点位置,其他地方 X 射线能量分散在一定的宽度范围内,只要宽度不太大,应用中是容许的。X 射线衍射仪使用的辐射探测器有:正比计数器、盖革管、闪烁计数器、Si(Li)半导体探测器、位敏探测器等,其中常用的是正比计数器和闪烁计数器。

实验参数的选择对于实验的成功是非常重要的。如果实验参数选择不当不仅不能获得好的实验结果,甚至可能将实验引入歧途。在衍射仪法中许多实验参数的选择与德拜法是一样的。选择阳极靶和滤波片是获得衍射谱图的前提。根据吸收规律,所选择的阳极靶产生的 X 射线不会被试样强烈地吸收,即 $Z_{靶}\leqslant Z_{样}$ 或 $Z_{靶}\gg Z_{样}$。滤波片的选择是为了获得单色光,避免多色光产生复杂的多余衍射线条。实验中通常仅用靶材产生的 K_α 线照射样品,因此必须滤掉 K_β 等其他特征射线。滤波片的选择是根据阳极靶材确定的。

通常管电压为阳极靶材临界电压的 3～5 倍,此时特征谱与连续谱的强度比可以达到最佳值。管电流可以尽量选大,但电流不能超过额定功率下的最大值。

防散射光栏与接收光栏应同步选择。选择宽的狭缝可以获得高的 X 射线衍射强度,但分辨率要降低;若希望提高分辨率则应选择小的狭缝宽度。

扫描速度指探测器在测角仪圆周上均匀转动的角速度。扫描速度对衍射结果的影响与时间常数类似,扫描速度越快,衍射线强度下降,衍射峰向扫描方向偏移,分辨率下降,一些弱峰会被掩盖而丢失。但过低的扫描速度也是不实际的。

选择时间常数 RC 值大,可以使衍射线的背底变得平滑,但将降低分辨率和强度,衍射峰也将向扫描方向偏移,造成衍射峰的不对称宽化。因此,要提高测量精度应该选择小的时间常数 RC 值。通常选择时间常数 RC 值小于或等于接收狭缝的时间宽度的一半。时间宽度是指狭缝转过自身宽度所需时间。这样的选择可以获得高分辨率的衍射线峰形。

习题

1. 写出波粒二象性的表达式。
2. 什么是 X 射线谱?阐述其形成机制。X 射线谱中特征谱线是怎么形成的?
3. 晶体中使用晶面指数(HKL)描述其结构,试论述晶面指数是如何定义的。
4. 晶体中的基本矢量 $\boldsymbol{a}$,$\boldsymbol{b}$,$\boldsymbol{c}$ 和单位晶胞是如何定义的?
5. 劳厄方程给出的干涉条件是什么?
6. 试分析布拉格公式 $2d\sin\theta=n\lambda$ 如何描述不同晶面的衍射。布拉格公式中是如何定义干涉指数的?
7. 如何定义倒易点阵基矢?其具有哪些重要的性质?并证明这些性质。
8. X 射线衍射有哪些分类?

第9章

超 导

超导现象是20世纪初最为重要的物理发现之一。如何将转变温度提高到室温水平是超导研究的热点，零电阻的特点也使得超导研究具有广阔的应用前景。对于超导的微观机制目前还不是十分清楚，比较流行的是BCS理论。该理论以近自由电子模型为基础，用电子-声子相互作用描述材料在低温条件下的超导性质。

1908年，荷兰物理学家昂纳斯首次成功地把称为“永久气体”的氦液化，因而获得4.2K的低温源，为超导发现准备了条件。三年后，即1911年，在测试纯金属电阻率的低温特性时，昂纳斯又发现，汞的直流电阻在4.2K时突然消失，多次精密测量表明，汞柱两端压降为零，他认为这时汞进入了一种以零阻值为特征的新物态，并称之为“超导态”。昂纳斯在1911年12月28日宣布了这一发现。但当时他还没有看出这一现象的普遍意义，仅仅当成是有关水银的特殊现象。如图9.1所示，横坐标表示温度，纵坐标$\frac{R}{R_0}$表示在该温度下汞的电阻与273K时汞的电阻之比，其中R_0为$T=273$K时汞的电阻。

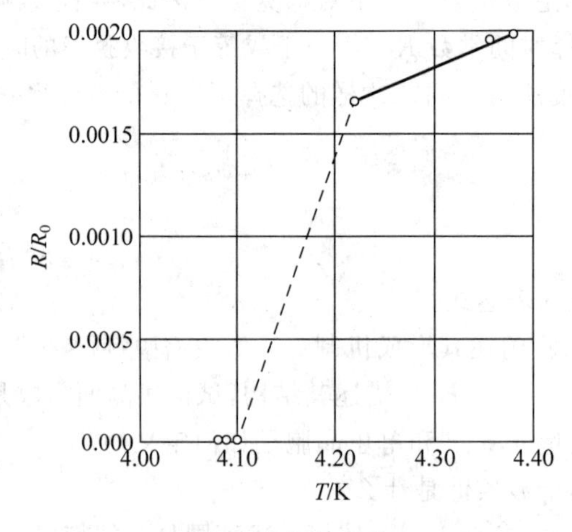

图9.1　超导现象

1. 超导体的分类

根据超导体界面能的正负，我们可以将超导体分为第一类超导体和第二类超导体。大多数纯超导金属元素的界面能为正，称为第一类超导体。对于许多超导合金和少数几种纯超导金属元素来说，其界面能为负，称为第二类超导体。

第一类超导体（图 9.2）主要包括一些在常温下具有良好导电性的纯金属，如铝、锌、镓、镉、锡、铟等，该类超导体的熔点较低、质地较软，亦被称作"软超导体"。其特征是由正常态过渡到超导态时没有中间态，并且具有完全抗磁性。第一类超导体由于其临界电流密度和临界磁场较低，因而没有很好的实用价值。

第二类超导体（图 9.3）与第一类超导体不同，是一类高温超导体。其明显具有以下三个特征：（1）第二类超导体由正常态转变为超导态时有一个中间态。（2）第二类超导体的混合态中有磁通线存在，而第一类超导体没有。（3）第二类超导体比第一类超导体有更高的临界磁场、更大的临界电流密度和更高的临界温度。

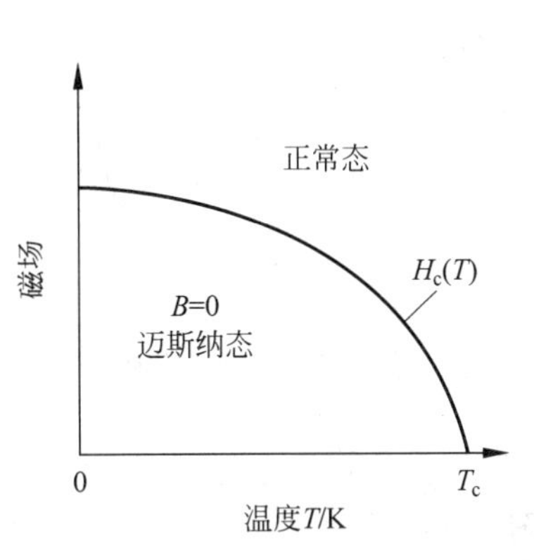

图 9.2 第一类超导体相图

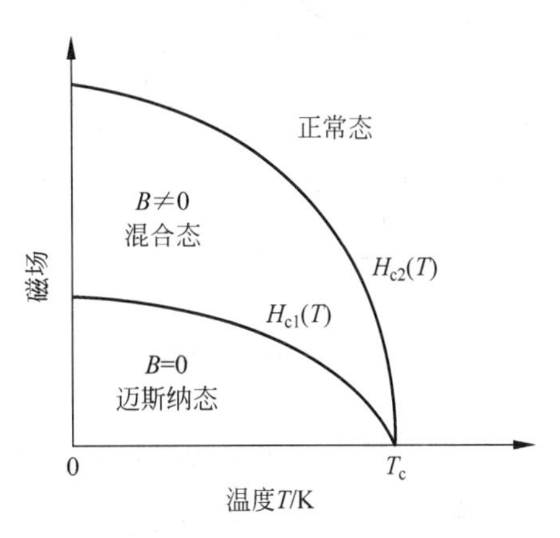

图 9.3 第二类超导体相图

第二类超导体根据其是否具有磁通钉扎中心（见图 9.4）而分为理想第二类超导体和非理想第二类超导体。

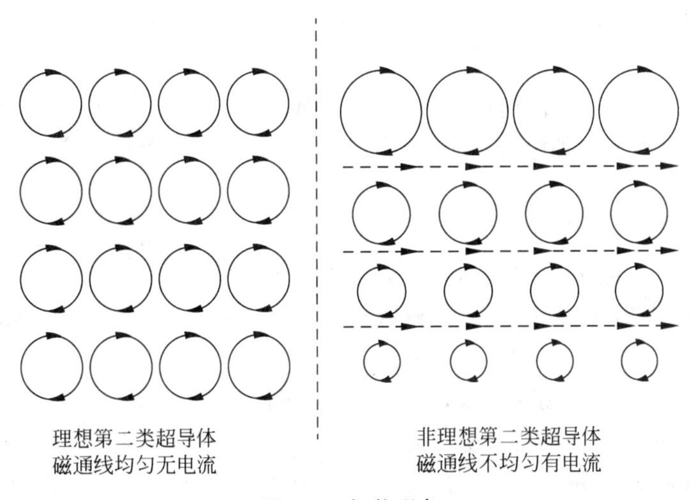

图 9.4 钉扎现象

2. 三个重要的物理参数

实现超导必须具备一定的条件,如温度、磁场、电流都必须足够低。超导态的三大临界条件:临界温度、临界电流和临界磁场(见图 9.5),三者密切相关,相互制约。

临界温度(T_c):超导体电阻突然变为零的温度。

临界电流(I_c):超导体无阻载流的能力是有限的,当通过超导体中的电流达到某一特定值时,又会重新出现电阻,使其产生这一相变的电流称为临界电流,记为 I_c。目前,常用电场描述 $I_c(V)$,即当每厘米样品长度上出现电压为 1V 时所输送的电流(见图 9.6)。

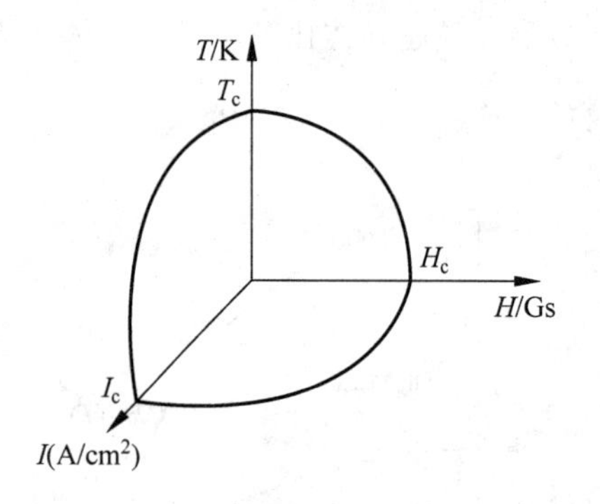

图 9.5 影响超导的条件

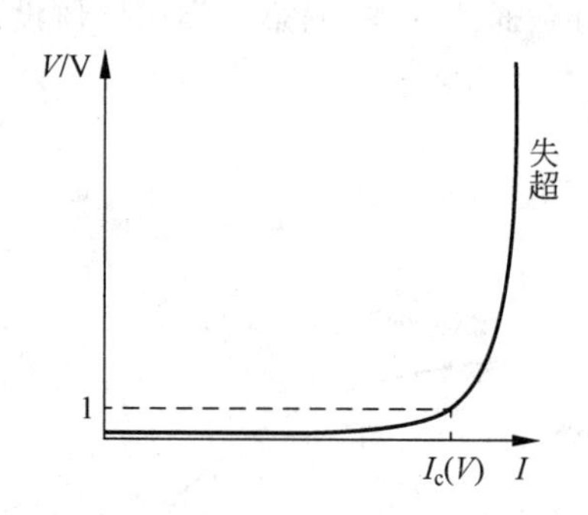

图 9.6 超导中电压和电流的关系

临界磁场(H_c):逐渐增大磁场到达一定值后,超导体会从超导态变为正常态,把破坏超导电性所需的最小磁场称为临界磁场,记为 H_c(见图 9.7)。

有经验公式:

$$H_c(T)=H_c(0)\left(1-\frac{T^2}{T_c^2}\right) \tag{9.1}$$

3. 超导体的物理特性

(1) 零电阻现象

①$T>T_c$ 在超导环上加磁场。②$T<T_c$ 圆环转变为超导态。③突然撤去外电场,超导环中产生持续电流。

(2) 迈斯纳效应

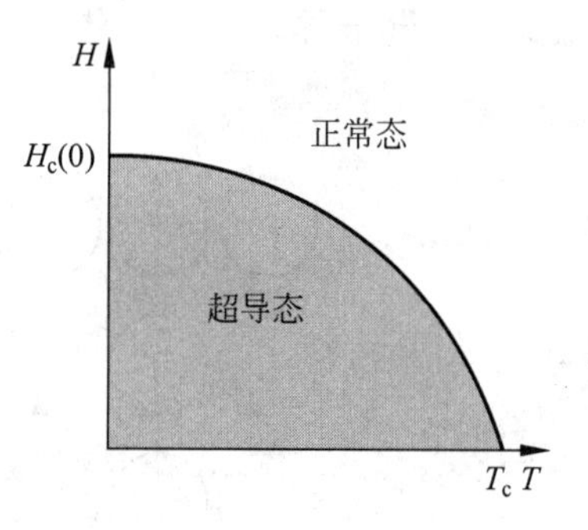

图 9.7 超导现象和磁场

迈斯纳效应又叫完全抗磁性,1933 年迈斯纳发现,超导体一旦进入超导状态,体内的磁通量将全部被排出体外,磁感应强度恒为零,且不论对导体是先降温后加磁场,还是先加磁场后降温,只要进入超导状态,超导体就把全部磁通量排出体外。实验表明,不论在进入超导态之前金属体内有没有磁感应线,当它进入超导态后,只要外磁场 $B_0<B_c$,超导内 B 总是等于零。由此可求得金属在超导态的相对磁导率 $\mu_r=-1$。当 $\mu_r<0$ 时,物质具有抗磁性。超导体具有完全抗磁性,也称为迈斯纳效应。迈斯纳效应表明,处于超导态的超导体是一个具有完全抗磁性的抗磁体。实际上磁感应强度 B 有一穿透深度

$$B = B_0 e^{-\frac{x}{\lambda}} \tag{9.2}$$

式中λ为穿透深度。超导体的迈斯纳效应的意义在于否定了超导体是理想导体的概念。电阻为零和完全抗磁性是超导体最基本的两个性质，衡量一种材料是否具有超导性必须看是否同时有零电阻和迈斯纳效应。

(3) 二级相变效应

1932年，荷兰学者基萨母(Keesom)和郭(Kok)发现，在超导转变的临界温度T_c处，比热出现了突变。Keesom-Kok实验表明，在超导态，电子对比热的贡献约为正常态的3倍。如果发生相变时，体积不变化，也无相变潜热，而比热、膨胀系数等物理量却发生变化，则称这种相变为二级相变。正常导体向超导体的转变是一个二级相变。

(4) 同位素效应

同位素效应指出超导体的临界温度随同位素质量而变化

$$T_c \propto \frac{1}{M^{\alpha}}, \quad \alpha = 1/2 \tag{9.3}$$

同位素效应揭示出超导电性与电子和晶格的振动有关。

(5) 单电子隧道效应

当一个电子在势垒中运动时，电子可以借助真空，从真空吸收一个虚光子，使自己的能量增大而越过势垒，电子一旦越过势垒，便将虚光子送还给真空。同时，电子的能量也返回到原来的值，量子理论称它为隧道效应。

(6) 约瑟夫森效应(双电子隧道效应)

1962年，约瑟夫森(Josephson)提出，应有电子对通过超导-绝缘层-超导隧道元件，即一对对电子成伴地从势垒中贯穿过去。电子对穿过势垒可以在零电压下进行，所以约瑟夫森效应与单电子隧道效应不同，可用实验对它们加以鉴别。零电压下的约瑟夫森效应又称直流约瑟夫森效应，此外还有交流约瑟夫森效应。它们具有共同的特点，都是双电子隧道效应。

4. 超导的微观机制

对于超导现象的解释有很多理论，但是对于超导的机制依然不是十分清楚。1956年，美国物理学家库珀(Cooper)提出一个重要的观点：当满足一定条件，在电子和电子之间存在吸引力时，这两个电子就会形成一个“电子对”，它们被束缚在一起，这样的“电子对”称为“库珀对”。1957年在伊利诺伊大学的巴丁(Bardeen)、库珀(Cooper)及施里弗(Schrieffer)为了正确解释超导现象，发表了著名且完整的超导微观理论(量子理论)，称为BCS理论。该理论以近自由电子模型为基础，在声子-电子作用很弱的前提下建立的理论，基本内容为：(1)在一定温度下，金属中参与导电的电子结成库珀对，这是一个相变过程。(2)库珀对电子凝聚在费米面附近；(3)费米面以上将出现一个宽度为Δ的能隙。金属中的原子离解为带负电的自由电子和带正电的离子，离子排列成周期性的点阵。在$T>T_c$的情况下，自由电子在金属导体中运动时，它与金属晶格点阵上的离子发生碰撞而散射，这就是金属导体具有电阻的原因。当$T<T_c$时，导体具有超导电性。BCS理论认为，自由电子在点阵中运动时，由于异号电荷间的吸引力作用，影响了晶体点阵的振动，从而使晶体内局部区域发生畸变，晶体内部的畸变可以像波动一样从一处传至另一处。从量子观点看，光子是光波传播过

程中的能量子；晶体中由点阵的振动产生畸变而传播的点阵波的能量子，称为“声子”，声子可被晶体中的自由电子所吸收，于是两个自由电子通过交换声子而耦合起来。这就像一个电子发射的声子，被另一个电子所吸收。于是两电子之间彼此吸引，成为束缚在一起的电子对，即“库珀对”。

德国物理学家伦敦兄弟(F. London 和 H. London)在 1935 年发表文章提出了适用于超导电子的两个新的方程。这两个方程被人们称为“伦敦方程”。第一伦敦方程为

$$\frac{\partial \boldsymbol{j}_s}{\partial t}=\frac{n_s q^2}{m}\boldsymbol{E} \tag{9.4}$$

n_s 是库珀对的数密度；$m=2m_e$ 为库珀对的质量；$\boldsymbol{j}_s$ 为持续电流密度；$q=-2e$ 为库珀对携带的电量。第一伦敦方程确定了电流密度与电场强度的关系。第二伦敦方程为

$$\nabla\times \boldsymbol{j}_s=-\frac{n_s q^2}{m}\boldsymbol{B} \tag{9.5}$$

伦敦方程表明：静电时超导体内电场为零，$\boldsymbol{E}=0$，即为完全抗电体。伦敦方程可以证明 $\boldsymbol{j}_s$ 和 $\boldsymbol{B}$ 都只存在于超导体表面厚度约为 λ 的一层内，亦即有迈斯纳效应。$\lambda=\sqrt{m/\mu_0 n_s q^2}$ 称为伦敦穿透深度。

5. 超导技术的应用

在电力工程方面的应用，超导输电在原则上可以做到没有焦耳热的损耗，因而可节省大量能源；超导线圈用于发电机和电动机可以大大提高工作效率、降低损耗，从而导致电工领域的重大变革。超导储能装置是利用超导线圈将电磁能直接储存起来，需要时再将电磁能返回电网或其他负载的一种电力设施。一般由超导线圈、低温容器、制冷装置、变流装置和测控系统几个部件组成。其中超导线圈是超导储能装置的核心部件，它可以是一个螺旋管线圈或是环形线圈。

目前，第一代超导线材——铋氧化物线材已达到商业化水平。东京电力公司试制成功长 100m、3 相、66kV 的超导电缆，美国也将进行 100m 超导电缆的安装试验。日本正在加紧研究开发高性能的超导电缆、超导变压器、超导限流器和超导蓄电装置等，预计 5 年后达到目标。日本磁悬浮列车线圈的超导化目前也在计划当中，预计从 2021 年开始进行研究和试制。目前各国都在积极研究开发第二代超导线材——钇系列线材。其中，包含钇的钇铋铜氧(YBCO)和包含钕的钕铋铜氧(NBCO)这两种线材，由于有更好的磁场特性，将来有可能成为超导线材的主流。

习题

1. 论述超导现象发现的过程。超导体的物理特性有哪些？简述其中的两个。
2. 超导体分为哪几类？他们各自的特点是什么？
3. 超导现象中的三个重要参数是什么？
4. 论述超导现象的伦敦方程中如何定义穿透深度的？
5. 试论述 BCS 理论中电子的运动状态，声子是如何传递相互作用的？

相对论与宇宙学

相对论是近代物理学的一个支柱，在物理学中具有重要的地位。1905 年爱因斯坦发现了狭义相对论，提出了新的时空观，修正牛顿的绝对时空观，使得人类的认识扩展到了高速运动（接近光速）的坐标系。狭义相对论描述的是惯性坐标系的理论，除了惯性坐标系还有非惯性坐标系。在非惯性坐标系与引力系统等效的基础上，爱因斯坦提出了广义相对论。广义相对论是描述宏观大质量天体的运动规律，是研究宇宙演化的重要理论。

10.1 相对论

1. 狭义相对论

20 世纪前，以牛顿力学为代表的经典物理学得到了前所未有的发展，成为认识世界的成功的理论。经典物理学是以牛顿时空观为基础的，牛顿在《自然哲学的数学原理》中说："绝对的空间，就其本性来说，与任何外在的情况无关。始终保持着相似和不变。""绝对的、纯粹的和数学的时间，就其本性来说，均匀地流逝而与任何外在的情况无关。"

这就是牛顿时空观，称为绝对的时空观。以牛顿时空观为基础的物理学可以通过不同的惯性坐标系中的质点的运动学来表示。假设我们有两个惯性坐标系，一个坐标系称为静系 S，此坐标系不运动。另一个坐标系称为动系 S'，这个坐标系以速度 u 沿 x 正方向匀速运动。在 $t=0$ 时刻，静系和动系的坐标原点重合。此时质点 P 在两个坐标系的坐标相同，为 (x,y,z)，所处的时刻也相同，都是 t。时刻 t，在静系中质点的坐标和时间不变，依然为 (x,y,z) 和 t。

但是在动系中，质点的坐标会发生变化，如图 10.1 所示，有

$$
\begin{aligned}
x' &= x - ut \\
y' &= y \\
z' &= z \\
t' &= t
\end{aligned}
\tag{10.1}
$$

这一关系称为伽利略变换。若质点是运动的，对上式求导，可以得到质点在静系和动系中速度的关系。

$$v'_x = v_x - u$$
$$v'_y = v_y$$
$$v'_z = v_z \tag{10.2}$$

19世纪末，随着理论和技术的发展，人们对世界的认识不断加深，经典运动学对于一些问题不能给予很好的解释。其中比较重要的是两个问题，一个是黑体辐射曲线，另一个是光速不变。光速不变源于人们对于电磁现象的不断深入研究，尤其是对电磁波的不断深入理解。对于电磁现象，人们的关注由来已久。1773年，卡文迪什根据实验推算出电力与距离成反比的方次与2相差最多不超过2%。1864年，麦克斯韦在总结前人研究电磁现象的基础上，建立了完整的电磁波理论。他断定电磁波的存在，推导出电磁波与光具有同样的传播速度。1875年，库仑设计了精巧的扭秤实验，直接测定了两个静止点电荷的相互作用力与它们之间的距离平方成反比，与它们的电量乘积成正比。安培发现载流螺线管与磁铁等效性的实验，提出分子电流假说。1887年，赫兹用实验证实了电磁波的存在。1898年，马可尼又进行了许多实验，不仅证明光是一种电磁波，而且发现了更多形式的电磁波，它们的本质完全相同，只是波长和频率有很大的差别。

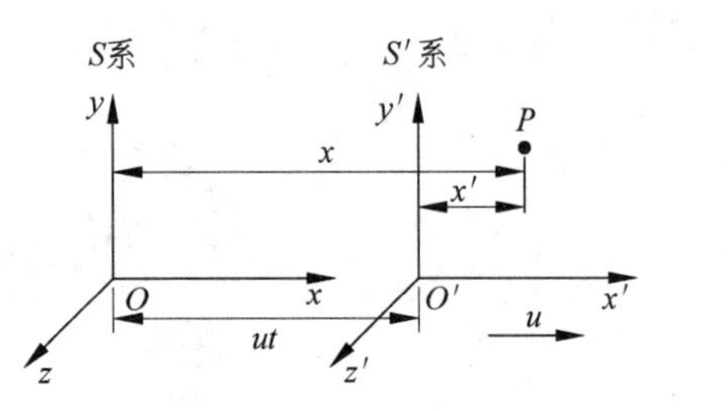

图 10.1　伽利略变换

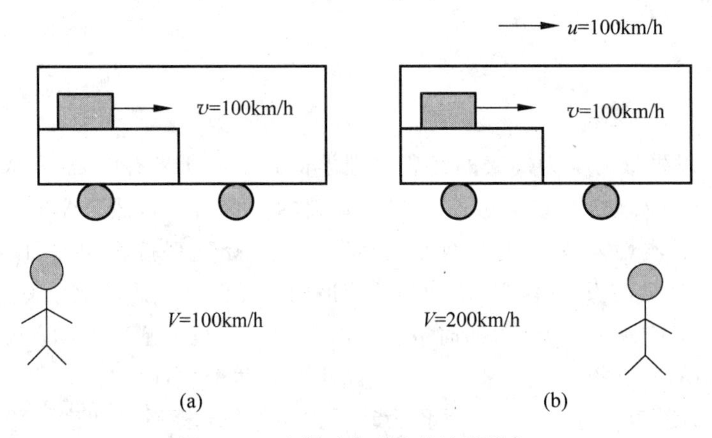

图 10.2　牛顿时空观中的速度叠加

人们很早也对光速进行了测量。问题正是出现在对光速的测量中。我们先以低速问题为例说明。如图10.2所示，一个物块放在一辆小车中。图(a)中，小车静止，物块以$v=100\text{km/h}$向右匀速运动。因此在地面上和在车里的观测者测得的物块的速度相同，都是100km/h。图(b)中，小车也以$u=100\text{km/h}$匀速向右运动。这时小车里的观测者测得的物块速度为$v=100\text{km/h}$。地面上的观测者测得的物体的速度为

$$V = v + u = 200\text{km/h}$$

现将低速问题推广到光速测量中。如图10.3所示，一个光源放在一辆小车中。图(a)中，小车静止。在地面上和在车里的观测者测得的光的速度相同，都是光速c。图(b)中，小车以$u=0.5c$匀速向右运动，这时小车里的观测者测得的光速为c。按照经典物理学的理解，地

面上的观测者测得的光的速度为

$$V = v + u = 1.5c$$

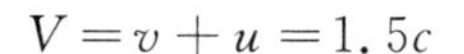
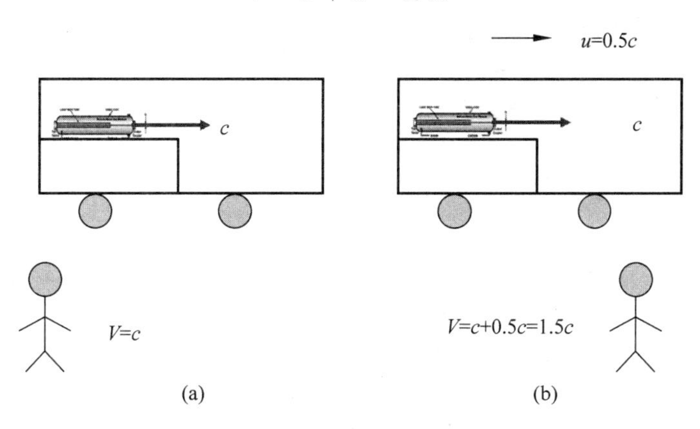

图 10.3　光速的测量

可是，实际上不管是在小车里还是地面上，测得的光速都是 c。为什么光源静止和运动对光速的测量没有影响？在牛顿时空观的框架下，一种假设是存在以太。光(电磁波)在以太中传播，只要以太是静止的，光速就不变。以太的概念在古希腊就有。17 世纪初，法国哲学家、数学家、物理学家笛卡儿继承并发展了古希腊的“以太”观念，形成了“以太学说”。“原始混沌的物质弥漫整个空间，并作旋转运动，形成漩涡。”“以太是构成空间的原料。”“以太”有多种奇异的特性，例如：

(1) 它是极轻的极稀薄的流体，对天体运行毫无阻力；

(2) 具有弹性模量比钢还大的固体弹性，以便传递横波。

1818 年，菲涅耳提出了部分拖曳假说。整个空间的“以太”是静止的，物体在“以太”中运动，“以太”可以部分地被这一物体拖曳。人们巧妙地利用以太能够被周围物体拖动的性质，设计了实验以证明以太的存在。

地球自西向东自转，地球的自转会拖动地球周围的以太运动，运动方向如图 10.4 所示。根据这一情况，迈克耳孙-莫雷设计了干涉实验，以证明以太的存在。这一实验原理至今依然被用于不同的实验中。例如为了探测引力波的激光干涉引力波天文台 LIGO 实验的原理就是迈克耳孙-莫雷实验的原理。“以太飘移”的测定，是由美国实验物理学家迈克耳孙和莫雷于 1886 年完成的，实验利用了光的干涉现象，如图 10.5 所示。实验中有一个光源，光源发出的光照射到镀有半透膜的 45°角的光学玻璃后，一部分光线反射后照射到平面镜 1 上，一部分光线穿过玻璃照射到平面镜 2 上，两束光线是相干光。到达平面镜 1 的光线与以太运动的方向相互垂直，到达平面镜 2 的光线与以太的运动方向相互平行，以太对这两束光线的影响不同。光线被平面镜 1 和 2 反射回来后在屏幕上相遇形成干涉，干涉图像就是明暗相间的圆环。实验巧妙的地方是将实验装置旋转 90°，到图(b)状态，原来与以太相互垂直的光线变成了与以太相互平行；与以太平行的光线变成了与以太相互垂直。因此，干涉图像会发生变化。

理论上推得两种不同条件下实验结果应该有所差别，条纹应该有 0.4 个移动。然而，在实验中，迈克耳孙和莫雷在两种情况下始终没有观测到条纹的移动。迈克耳孙-莫雷实验的“0”结果也就证明了以太不存在！

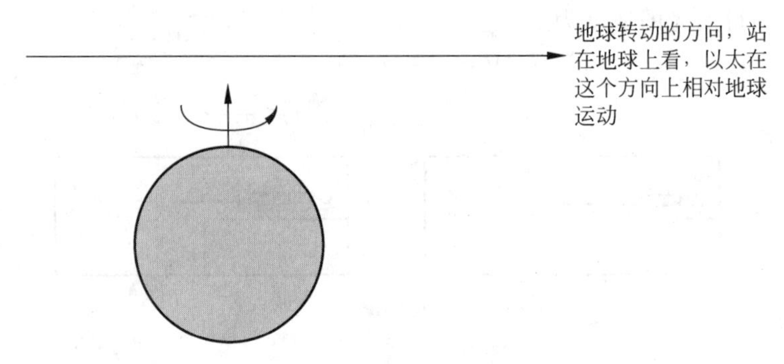

图 10.4　以太的拖曳

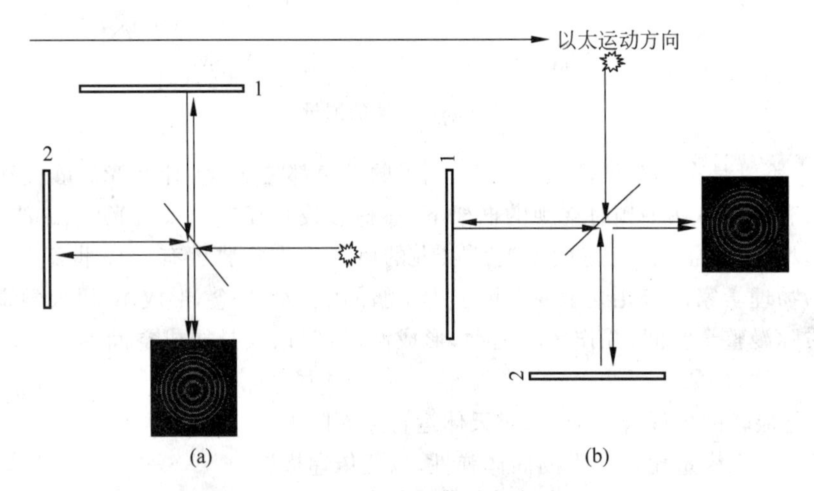

图 10.5　迈克耳孙-莫雷实验原理

如何解释光速不变的实验现象？旧有的物理理论不能解释，必须有新的理论对实验进行解释。1899 年，彭加勒提出了“以太”不存在的可能性；1904 年，彭加勒明确表示，应该把相对性原理从力学现象扩展到各种物理现象。爱因斯坦 1905 年提出新的时空观，也就是狭义相对论。狭义相对论有两个原理：

原理 1——狭义相对性原理。一切运动定律(不限于力学运动定律)在所有惯性系里都一样地成立，并没有哪一个惯性系是特殊的。

原理 2——光速不变原理。无论在何种惯性坐标系中，光在真空中的速度为一常数。

爱因斯坦新时空观中对物理现象的描述：我们所生活的时空是(3+1)维，可以用四个参数来表示(x,y,z,t)。每一个(x,y,z,t)表示一个四维时空的事件。在爱因斯坦的理论中的四维时空中，时间和空间成为一体，与牛顿时空观中的空间和时间完全割裂不同。时间的单向性使得四维时空变得很复杂。例如在三维空间中，两点的间距为

$$\Delta S^2=(x-x_0)^2+(y-y_0)^2+(z-z_0)^2 \tag{10.3}$$

在四维时空中，两个事件之间的时空间距为

$$\Delta S^2=(x-x_0)^2+(y-y_0)^2+(z-z_0)^2-c^2(t-t_0)^2 \tag{10.4}$$

如果将问题简化，只考虑一维空间和时间维度，得到

$$\Delta S^2=(x-x_0)^2-c^2(t-t_0)^2 \tag{10.5}$$

若事件时空间隔为零，则有

$$(x-x_0)^2-c^2(t-t_0)^2=0 \tag{10.6}$$

$$\frac{(x-x_0)^2}{(t-t_0)^2}=c^2 \tag{10.7}$$

这对应了光子在四维时空中的演化轨迹，称为光子的世界线。若时间轴用 ct 表示，这个世界线是过原点的一条倾角是 45°的直线。当一个粒子在四维时空中演化就会留下一条世界线。当一个一维的物体在四维时空中演化就会扫过一个面，称之为世界面。若考虑到其他的二维空间，那个光子的世界线就会绕原点旋转形成一个锥面，称这个锥面为光锥（见图 10.6）。假设四维事件 O 处在原点，如果事件 P 处在以 O 为定点的光锥面上，称为类光的。如果事件 P 在光锥内部，这类间隔称为类空的。如果事件 P 在光锥外，P 点不可能用光波或低于光速的作用联系，这类间隔称为类时的。

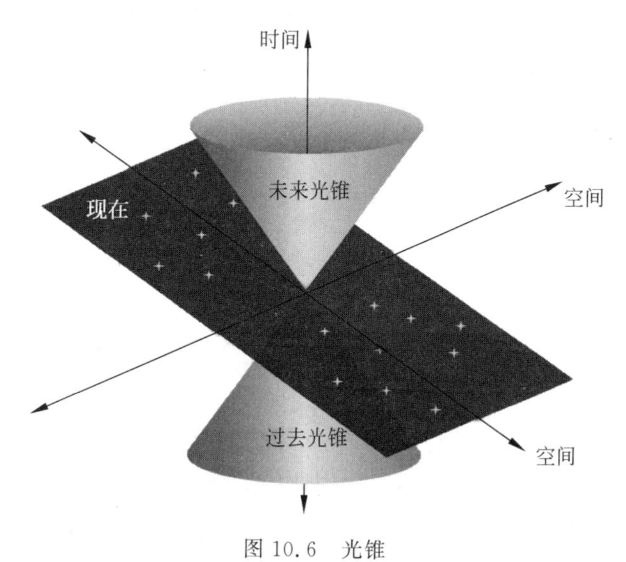

图 10.6　光锥

由于时间和空间相互联系，爱因斯坦时空观中的坐标系变换不同于伽利略变换，称为洛伦兹变换。假设，动系依然在 x 方向作速度为 u 的匀速直线运动，动系和静系中质点的坐标关系为

$$\begin{cases} x'=\dfrac{x-ut}{\sqrt{1-\dfrac{u^2}{c^2}}} \\ y'=y \\ z'=z \\ t'=\dfrac{t-\dfrac{u}{c^2}x}{\sqrt{1-\dfrac{u^2}{c^2}}} \end{cases} \tag{10.8}$$

由于光速是最快的，因子 $\sqrt{1-\frac{u^2}{c^2}}<1$，因此相对论效应只有在物体的速度接近光速时才能显现出来。洛伦兹变换反映了时间和空间是相互联系的，反映了时间和空间的相对性。若在静系中有一个时钟，时钟在 x 处，时间间隔为 $\Delta t=t_2-t_1$。从另外一个动系中观测这个时钟，时钟所处的坐标为 x'，则在动系中的坐标为

$$t'=\frac{t-\frac{u}{c^2}x}{\sqrt{1-\frac{u^2}{c^2}}} \tag{10.9}$$

即使在静系里所有的钟表都对准了，但是在动系里观测不同地点的时钟也处于不同时刻。那么在 x' 处的时钟的时间间隔是

$$\Delta t'=\frac{\Delta t}{\sqrt{1-\frac{u^2}{c^2}}} \tag{10.10}$$

由于任何坐标系的速度 u 都比光速 c 慢，因子 $\sqrt{1-\frac{u^2}{c^2}}<1$，则 $\Delta t'>\Delta t$。在动系里观测到的时间间隔要大于在静系中的时间间隔，也就是动系中的时间变慢了。这就是时间的相对性：动钟变慢——时间延缓效应。我们把因子 $\sqrt{1-\frac{u^2}{c^2}}$ 称为洛伦兹膨胀因子。$\Delta t'$ 为运动坐标系中的时间间隔，Δt 是静止坐标系中的时钟的时间间隔，称为原时。

设有一个运动的尺子相对于静系以速度 u 沿 x 轴的正向运动。现在测量尺子的长度，首先我们相对于尺子静止测量尺子的长度，因此我们找到一个与尺子相对静止的坐标系，这个坐标系是以速度 u 运动的动系。若想得到测尺子的长度，需要在同一个时刻 t' 测量尺子的两端坐标 x_1' 和 x_2'，尺子的长度

$$\Delta l'=x_2'-x_1' \tag{10.11}$$

根据洛伦兹变换，静系中，t 时刻

$$x_2'=\frac{x_2-ut}{\sqrt{1-\frac{u^2}{c^2}}} \tag{10.12}$$

$$x_1'=\frac{x_1-ut}{\sqrt{1-\frac{u^2}{c^2}}} \tag{10.13}$$

因此

$$x_2'-x_1'=\frac{x_2-x_1}{\sqrt{1-\frac{u^2}{c^2}}} \tag{10.14}$$

定义 $\Delta l=x_2-x_1$。测量运动尺子的长度为

$$\Delta l=\Delta l'\sqrt{1-\frac{v^2}{c^2}} \tag{10.15}$$

Δl 是运动的尺子的空间间隔，$\Delta l'$为静止坐标空间间隔，称为原长。运动的尺子的长度比静止时的长度变短了。这是空间的相对性，也就是动尺变短——长度收缩效应。

考虑 $x'=0$ 的情况，这个代表时间轴 ct'，由洛伦兹变换得到

$$x'=\frac{x-vt}{\sqrt{1-\frac{v^2}{c^2}}}=0,\quad x=\frac{v}{c}ct \tag{10.16}$$

考虑 $t'=0$ 的情况，这个代表空间轴 x'，由洛伦兹变换得

$$t'=\frac{t-\frac{v}{c^2}x}{\sqrt{1-\frac{v^2}{c^2}}},\quad ct=\frac{v}{c}x \tag{10.17}$$

因此，洛伦兹变换实际是坐标系的旋转，如图 10.7 所示，两个坐标轴向里旋转，动系的速度越大，坐标轴向里旋转的幅度越大。不管坐标轴怎么旋转，有一条世界线是不变的，这条世界线就是光子的世界线，也就是光锥的位置。

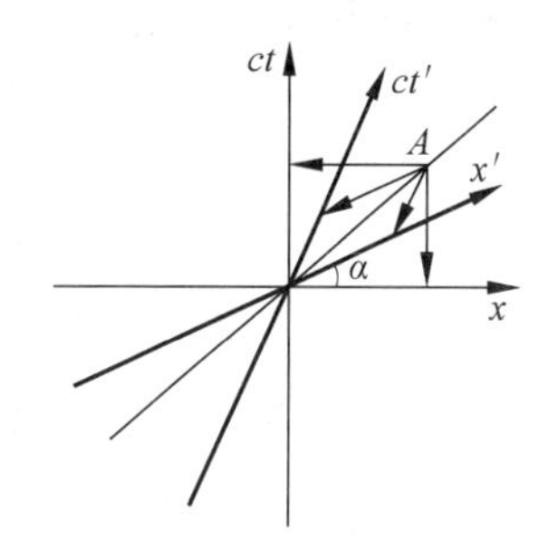

图 10.7 洛伦兹变换的几何意义

狭义相对论从根本上改变了牛顿时空观的局限性，将坐标系扩展到高速运动的情况。理论是否正确还需要实验验证。狭义相对论提出后，一系列的实验验证了理论的正确性。

(1) 高速运动粒子的寿命

大气层中存在大量的不稳定 μ 子，在相对其静止的参考系中平均经过 $\Delta\tau=2\times10^{-6}\text{s}$ 就自发地衰变为电子和中微子。这一时间称为 μ 子的固有寿命。它的速度高达 $0.988c$，按照其固有寿命计算其平均走过的路程为

$$L=0.988c\times\tau\approx600\text{m}$$

实际上一般产生 μ 子的高空离地面 8000m 左右。我们在地面仍然可以检测到它，正是因为在运动系中时间膨胀的性质。

$$\Delta t=\frac{\Delta\tau}{\sqrt{1-\frac{u^2}{c^2}}}=\frac{2\times10^{-6}\text{s}}{\sqrt{1-0.988^2}}=3\times10^{-5}\text{s}$$

$$\Delta l=0.988c\times3\times10^{-5}\text{s}\approx9000\text{m}$$

使得在地面上测量到的 μ 子寿命加长，μ 子运动的路程增加，因此在地面上也可以测量到 μ 子。

(2) 横向多普勒效应

当光源相对观测者作横向运动时，观测者发现光源的频率减小了，这是经典的多普勒效应所没有的。这一现象被称作频率的“红移”，也称为横向多普勒效应。可以用来检测狭义

相对论。

(3) 时钟的验证

1971 年,美国海军天文台的哈菲尔做完全相同的铯原子钟分别向东和向西绕地球一周的实验。他准备了 6 个铯原子钟,在预先都对准的情况下,将两个放在地面作为对照,两个放在向东飞行的飞机上,两个放在向西飞行的飞机上。然后两架飞机同时起飞后相背飞行,并在绕行地球一圈落地后,比较不同原子钟的走时。其具体的实验结果是:飞机上的原子钟在落地与地面原子钟比较时,相对地球运动的东、西向飞行原子钟中,向一个方向飞行(向东飞行)的飞机上的两个原子钟,都比地面的原子钟走慢了(慢了 59×10^{-9}s,也就是 59μs),而向另一个方向飞行(向西飞行)的飞机上的两个原子钟,都比地面的原子钟走快了(快了 273×10^{-9}s,也就是 273μs)。

2. 广义相对论

狭义相对论的本质是惯性坐标系之间的变换关系,如果是非惯性系的情况,需要广义相对论处理。爱因斯坦首先考虑的是一个关于电梯的思想实验。观测者被放置在一个封闭电梯中。首先将电梯放在宇宙深处,如图 10.8(a)所示,周围没有大的天体,电梯受到的引力为零,然后让电梯向上以加速度 $g=9.8\text{m}\cdot\text{s}^{-2}$ 加速运动,这时外部的测试人员打电话问电梯里的观测者在哪里,电梯里的观测者根据他的经验告诉外部测试人员在地球上。第二次实验时,将封闭的电梯放在地球上,如图 10.8(b)所示,外部的测试人员问电梯里的观测者在哪里,电梯里的观测者根据他的经验告诉外部测试人员在地球上。

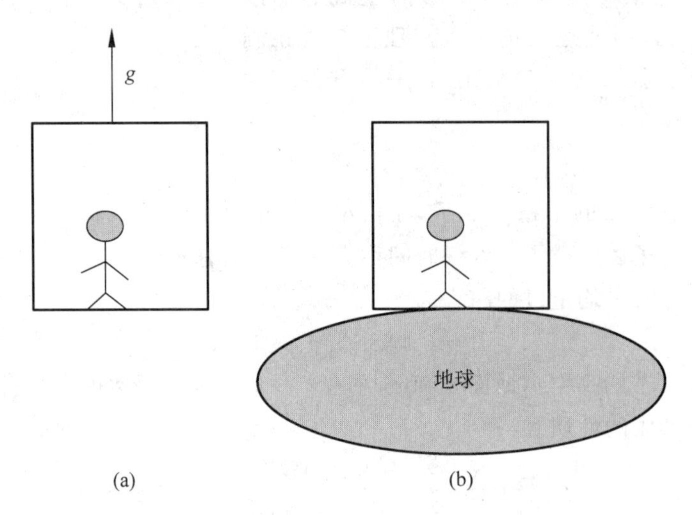

图 10.8 非惯性坐标系与引力系统

实验者在两部电梯里的感受有什么区别?感受相同!分辨不出两种情况。将以上封闭电梯中的实验进一步定量化,我们用测量物体的质量来代替观测者的体会(见图 10.9)。这个物体的质量假设是 10kg,在电梯的地面上有一个秤。当把电梯放入到宇宙深处,让电梯以加速度 $g=9.8\text{m}\cdot\text{s}^{-2}$ 加速向上运动,这时测量得到的物体的质量是 10kg,我们把这一质量称为惯性质量 $m_g=10\text{kg}$。然后把电梯放在地球上,测量物体的质量,测出来的质量称为引力质量 $m_G=10\text{kg}$。

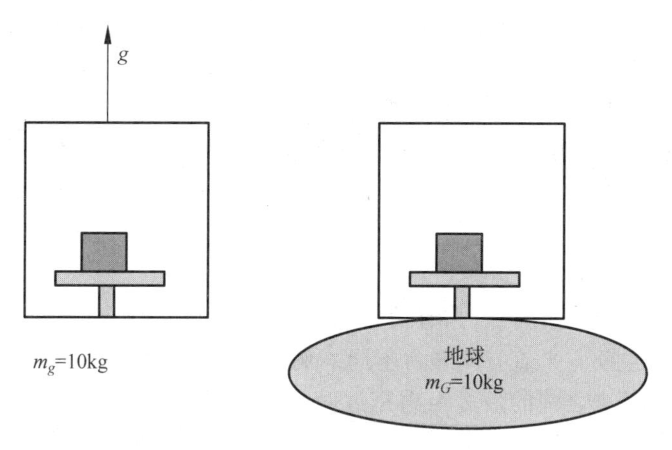

图 10.9 惯性质量与引力质量

$m_g = m_G$ 惯性质量和引力质量相等！非惯性系和引力系统相互等效。这不是巧合，而是存在本质的联系！找到了描述引力系统的理论，也就是找到了描述非惯性系的理论！爱因斯坦在 1915 年提出广义相对论描述这一巧合。

广义相对论和狭义相对论一样也有两个原理：

原理 1——在所有参考系中描述物质运动规律来说都是平权的，二者处在同等的地位上。

原理 2——等效原理：惯性力场与引力场的动力学效应是局部不可分辨的。

爱因斯坦在广义相对论中提出的引力系统(天体)之所以产生引力，其根本原因是天体系统的引力过于强大，使得周围时空是弯曲的，如图 10.10 所示。爱因斯坦给出描述引力场的引力场方程

$$R_{\mu\nu} - \frac{1}{2} g_{\mu\nu} R = 8\pi G T_{\mu\nu} \tag{10.18}$$

其中 $R_{\mu\nu}$ 为黎曼曲率张量，$g_{\mu\nu}$ 为引力场的度规张量，$T_{\mu\nu}$ 为物质能动张量，G 为万有引力常数。

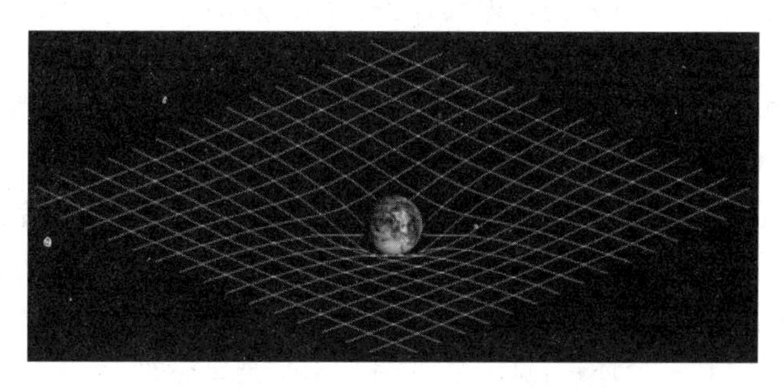

图 10.10 时空弯曲

在爱因斯坦之前，经典物理学认为苹果落地、月球绕地球运转、地球绕太阳公转都是因为万有引力，认为我们周围的空间是平直空间。平直空间可以用欧几里得几何(欧氏几何)描述。欧几里得几何有时就指平面上的几何，即平面几何。三维空间的欧几里得几何通常叫作立体几何。欧几里得几何是平面和三维空间中常见的几何，基于点线面假设。数学家

也用这一术语表示具有相似性质的高维几何。欧氏几何的五条公设是：

(1) 任意两个点可以通过一条直线连接。

(2) 任意线段能无限延长成一条直线。

(3) 给定任意线段，可以以其一个端点作为圆心，该线段作为半径作一个圆。

(4) 所有直角都全等。

(5) 若两条直线都与第三条直线相交，并且在同一边的内角之和小于两个直角和，则这两条直线在这一边必定相交。

爱因斯坦认为不存在万有引力，有质量的物体之所以相互吸引是因为物体周围的空间发生了弯曲。弯曲空间与平直空间非常不同。例如，平面上两点之间的最短距离是两点之间的连线。球面上两点之间的最短距离是过两点做大圆，相对短的那段圆弧。如图 10.11 所示，在平面上画一个三角形，三个内角之和为 180°。在球面上画一个三角形，三角形的三个内角之和大于 180°。在一个马鞍面上画一个三角形，三角形的三个内角之和小于 180°。

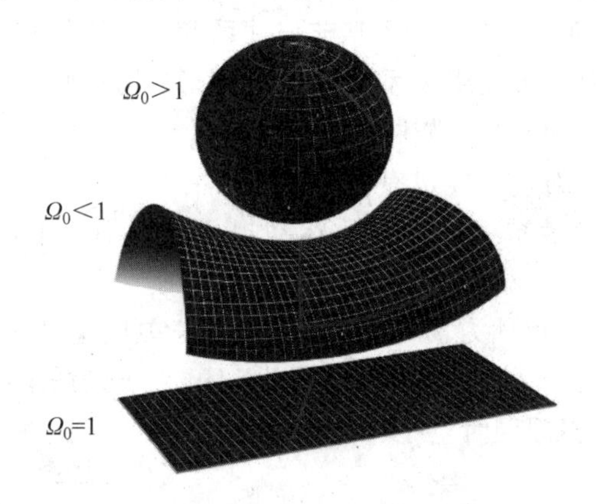

图 10.11 非欧几何与欧氏几何

弯曲空间已不能使用欧氏几何进行描述，而要用黎曼几何描述。在黎曼几何中最重要的是度规张量，由度规张量可以得到联络、曲率张量、曲率等一系列的表征曲面特性的量。

对于曲面几何的研究使得人们认识到许多空间美妙的性质。人们发现环带和莫比乌斯带是不同的。环带是将一个纸带首尾相连，是有边界的一个开曲面。环带有两个边，两个面，如果有一只蚂蚁在环带上爬行，要求蚂蚁不能越过边界，那么这只蚂蚁永远不能由一个面爬到另外一个面。如图 10.12 所示，莫比乌斯带是将纸带旋转 180°，然后首尾粘接起来。那么这个几何图形就是莫比乌斯带，它有一个面，一个边。如果有一只蚂蚁沿着莫比乌斯带爬行，不越过边界就可以遍历整个面。我们说普通的环带是可定向的，莫比乌斯带是不可定向的。

如果我们将普通的环带沿中线剪开，可以得到两个普通的环带。如果我们将莫比乌斯带沿中线剪开，可以得到一个环带，这个环带相当于是把纸带旋转 360°再把首尾粘接起来。新的环带有两个边，两个面。如果把这个环带再沿中线剪开，可以得到两个相互嵌套在一起的环带，每个环带有两个边和两个面。将两个莫比乌斯带的边粘接起来就可以得到一个克莱恩瓶，如图 10.13 所示。这个克莱恩瓶只有一个面，蚂蚁可以从瓶子里面轻松地爬到瓶子外面。

对于封闭的曲面，也有一些奇特的性质。零维的闭空间就是一个点，一维的闭空间是一

图 10.12　莫比乌斯带

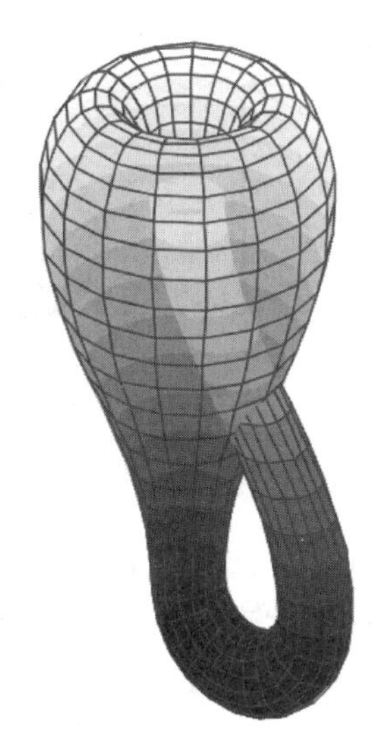

图 10.13　克莱恩瓶

条封闭的圈,这些圈与圆同胚。所谓同胚是指:不撕裂,不把几个点捏合在一起,这些封闭的圈可以连续形变到圆。二维的闭曲面稍微复杂些,有两类,一类是球面,一类是轮胎面(或者说是带柄的球面)。如图 10.14 所示,简单的闭曲面都可以同胚变换到球面。这种同胚变换后相同的现象,可以用曲面的拓扑性质表示。拓扑也可以叫橡皮膜几何。拓扑学中最重要的是拓扑不变量。我们将立方体的点数－边数＋面数得到

$$\text{点数} - \text{边数} + \text{面数} = 8 - 12 + 6 = 2 \tag{10.19}$$

对于四面体,计算得到

$$\text{点数} - \text{边数} + \text{面数} = 4 - 6 + 4 = 2 \tag{10.20}$$

由此可见,尽管图形发生了同胚变换,但是这个数值不变。同样计算得到的球面的数为

$$\text{点数} - \text{边数} + \text{面数} = 2 \tag{10.21}$$

点数－边数＋面数被称为欧拉示性数,是一个拓扑不变量。

轮胎面可以同胚变换到一个立方体在中间挖去一个立方体(见图 10.15)。计算得到

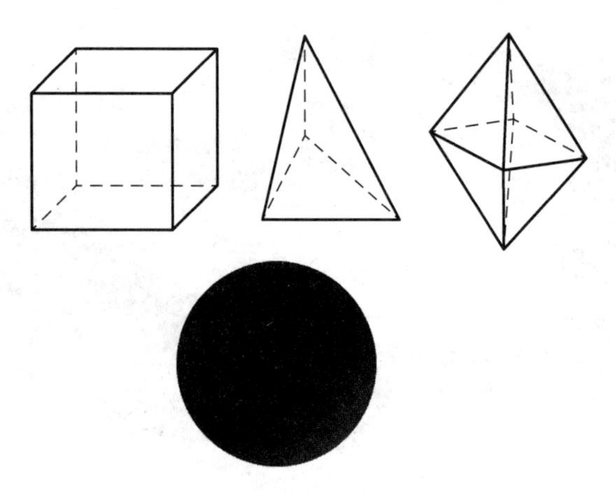

图 10.14　球面同胚变换

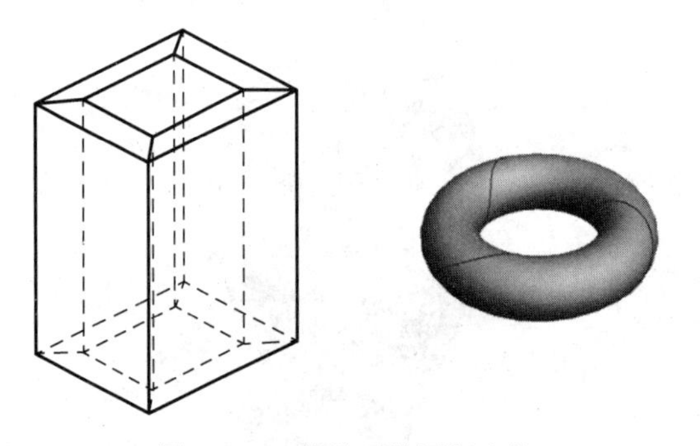

图 10.15　轮胎面的同胚变换

$$点数-边数+面数=16-32+16=0 \tag{10.22}$$

爱因斯坦给出引力场方程，随后就有人得到了方程的解，其中第一个解是史瓦西(Schwarzschild)解。这个解是在稳定的、球对称的引力场条件下得到的，只对应几种特殊的引力场。史瓦西度规为

$$g_{\mu\nu}=\begin{bmatrix} \dfrac{1}{1-\dfrac{2GM}{r}} & 0 & 0 & 0 \\ 0 & -r^2 & 0 & 0 \\ 0 & 0 & -r^2\sin^2\theta & 0 \\ 0 & 0 & 0 & -\left(1-\dfrac{2GM}{r}\right) \end{bmatrix} \tag{10.23}$$

另外一个比较重要的爱因斯坦的解是罗伯逊-沃克(Robertson-Walker)度规，为

$$g_{\mu\nu}=\begin{bmatrix} 1 & 0 & 0 & 0 \\ 0 & -\dfrac{R^2(t)}{1-kr^2} & 0 & 0 \\ 0 & 0 & -R^2(t)r^2 & 0 \\ 0 & 0 & 0 & -R^2(t)r^2\sin^2\theta \end{bmatrix} \tag{10.24}$$

我们熟悉的平直空间，也就是闵可夫斯基空间的度规是

$$g_{\mu\nu}=\eta_{\mu\nu}=\begin{bmatrix}1&0&0&0\\0&-1&0&0\\0&0&-1&0\\0&0&0&-1\end{bmatrix}\tag{10.25}$$

1915 年爱因斯坦提出了广义相对论，理论是否正确需要实验验证。对于广义相对论的实验验证有早期的日食观星，也有后来的引力透镜和脉冲双星的观测，也有最近的引力波的观测。

(1) 日食观星

爱因斯坦提出广义相对论后，就提出了光线在弯曲的时空中的路径是曲线的概念。通常，在平直时空中，光线是沿直线传播的。若光线是直线传播，观测者通过光线观测到物体的像与原物体在同一个位置。若光线是按曲线传播的，例如观测一个恒星。本来恒星是在 A 处，由于光线是弯曲的，那么观测者观测到的恒星的像在 B 处。两者的位置有略微的差别。为了观测到这种细微的差别，爱因斯坦提出在发生日全食时可以对恒星进行观测。如图 10.16 所示，若月球处于太阳和地球之间，导致发生日食时，太阳强大的引力场可以使其周围时空弯曲。地球上是日全食，即使在白天也可以观测恒星。这时，恒星 A 发出的光线是弯曲的，这一效应使得地球上的观测者观测到恒星 A 的位置在 B 处，两者有了略微的差别。1919 年刚好有一次日全食，英国物理学家爱丁顿率队赴普林斯顿岛对那次日全食进行了观测。发布的观测结果基本支持广义相对论的光线经太阳附近偏弯 1.75″的预言，第一次从实验上证实了广义相对论的正确性。

图 10.16 光线弯曲

(2) 引力透镜

引力透镜也是光线弯曲效应的一种现象。如图 10.17 所示，如果背景天体是一个遥远的延展星系，若在背景天体和观测者之间有一个能使空间弯曲的大质量天体。那么光线通过天体周围时空时会弯曲，就如同光线通过一个透镜一样。那么透镜像将会散开成长几角秒的光弧。人们就会观测到在背景天体的周围有一些光弧，这种现象称为引力透镜。引力透镜已经被观测到，图 10.18 就是哈勃太空望远镜观测到的引力透镜现象。

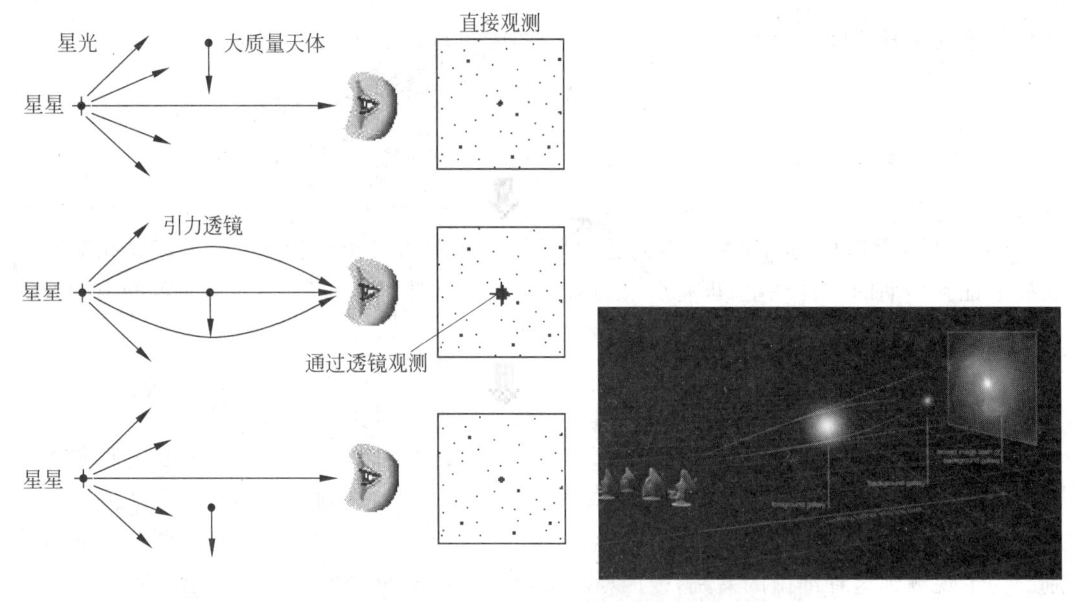

图 10.17 引力透镜原理

图 10.18 引力透镜观测

(3) 水星进动

从 1859 年起，天文学家就发现，行星的运动轨迹并不是严格闭合的椭圆。行星每绕太阳公转一圈，其椭圆轨道的长轴就略有转动，通常称为行星近日(或远日)点的进动。水星进动观察值为每一百年变化 $1°33'20''$。一般认为水星除了主要受到太阳的引力外，还受到太阳系中其他各个行星相对而言小得多的引力。用牛顿引力理论计算，考虑到上述影响后的进动值仍比实际观测值小。虽然数值很小，却已超出了观测精度允许的误差范围。而且太阳系的其他行星也存在着类似的数值很小的近地点多余进动。为了解释这种差异，曾经成功地预言海王星存在的天文学家勒维耶(Le Verrier)，预言在太阳附近还有一颗未被发现的小行星，即在水星轨道之内还有一颗"水内行星"。这颗水内行星对水星的引力作用导致多余进动值的出现。但是科学家们对预言的天空区域进行了多年的仔细搜索，始终没能找到这颗假想的水内行星。水内行星成了牛顿引力理论多年未解决的问题。爱因斯坦在 1915

年依广义相对论计算出的水星近日点多余进动值与实际观测值相当吻合。水星轨道近日点的进动被看作建立广义相对论初期的第一个重大实验验证。后来测到的地球、金星等行星的近日点进动值也与广义相对论的计算值吻合得相当好。

(4) 引力红移

广义相对论认为,光线在引力场中传播时,它的频率会发生变化。当光线从引力场强的地方(太阳附近)传播到引力场弱的地方(地球附近)时,其频率会略有降低,波长稍增,即发生引力红移。1925年,美国威尔逊山天文台的亚当斯(W. S. Adams)观测了天狼星的伴星天狼A。这颗伴星是白矮星,其密度比铂大2000倍。观测它发出的谱线(见图10.19),得到的频移与广义相对论的预期基本相符。

1958年,穆斯堡尔效应得到发现。用这个效应可以测到分辨率极高的γ射线共振吸收。1959年,庞德(R. V. Pound)和雷布卡(G. Rebka)首先提出了运用穆斯堡尔效应检测引力频移的方案。接着,他们成功地进行了实验,得到的结果与理论值相差约5%。

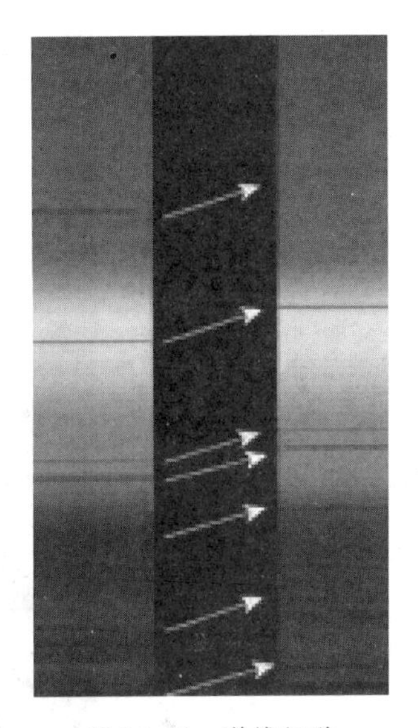

图10.19 谱线红移

(5) 引力波的间接证据——脉冲双星

爱因斯坦认为物质以非对称的方式加速运动会产生引力波。爱因斯坦已证明引力波和电磁波一样以光速c传播。牛顿引力理论中没有引力波。如果能观测到引力波的存在,将是对广义相对论的实验验证。

但是由于引力作用比电磁作用弱很多数量级,用现有的材料和实验手段,在地球上尚无法人工产生可以检测到的引力波。人们不得不把希望寄托到质量巨大的天体物理过程产生的引力波的探测上去。1967年,天文学家贝尔(S. J. Bell)和霍维什(A. Hewish)用射电天文望远镜发现脉冲星。脉冲星就是中子星,射电天文望远镜接受到的脉冲信号是中子星旋转时磁极发出的电磁波。1974年,霍尔斯(R. A. Hulse)和泰勒(J. H. Taylor)发现一对脉冲双星(PSR1913+16)(见图10.20)。广义相对论认为,脉冲双星旋转时辐射引力波。脉冲双星(PSR1913+16)辐射引力波的功率并不小,由于这对双星距地球太遥远,到达地面的引力波能流密度很微弱,现在尚无法检测出如此弱的引力波。由于脉冲双星辐射引力波时必然伴随着能量损失,即会使双星系统的能量减少,周期变慢,称为引力辐射阻尼。近20年的观测发现这对脉冲双星的运动周期在稳定地缩短,其周期减缓的变化率与广义相对论的理论值相当符合。这被认为是引力波存在的间接证明。霍尔斯和泰勒因发现这对脉冲双星而荣获1993年诺贝尔物理学奖。

(6) 引力波的观测

激光干涉引力波天文台(Laser Interferometer Gravitational-Wave Observatory,LIGO)是美国分别在路易斯安那州的列文斯顿和华盛顿州的汉福德建造的两个引力波探测器(见图10.21)。

20世纪70年代,加州理工学院的物理学家莱纳·魏斯(Rainer Weiss)等人考虑使用激光干涉方法探测引力波,其原理类似于迈克耳孙干涉仪。引力波的探测对仪器的灵敏度要

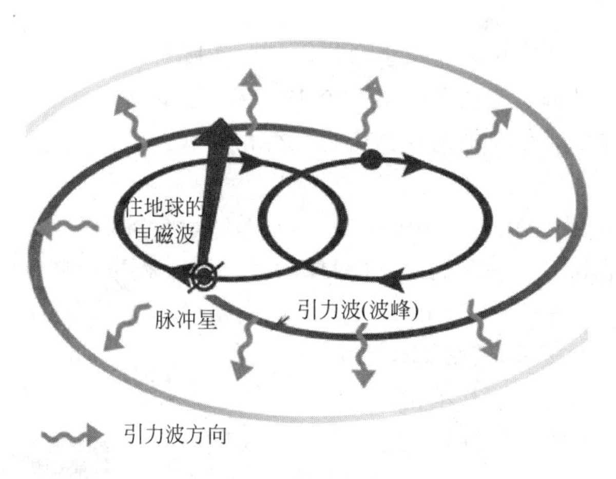

图 10.20　脉冲双星

图 10.21　引力波天文台

求非常高，要能够在 1000m 的距离上感知 10^{-18}m 的变化，相当于质子直径的千分之一。直到 20 世纪 90 年代，如此高灵敏度所需的技术条件才逐渐趋于成熟。1991 年，麻省理工学院与加州理工学院在美国国家科学基金会(NSF)的资助下，开始联合建设 LIGO。1999 年 11 月建成，耗资 3.65 亿美元。2005—2007 年，LIGO 进行升级改造，包括采用更高功率的激光器、进一步减少振动等。升级后的 LIGO 被称为"增强 LIGO"。2015 年，最新的 LIGO 正式上线，理论上该天文台可以探测到 3 亿光年远的引力波事件。

引力波探测器原理与迈克耳孙干涉仪和法布里-珀罗干涉仪的原理差不多，主要部分是两个互相垂直的长臂(见图 10.22)，每个臂长 4000m，臂的末端悬挂着反射镜，管道采用不锈钢制成，直径 1.2m，内部真空度为 10^{-12}Pa 大气压。在两臂交会处，从激光光源发出的光束被一分为二，分别进入互相垂直并保持超真空状态的两空心圆柱体内，然后被终端的镜面反射回原出发点，激光束在臂中来回反射大约 50 次，这样就会形成干涉条纹。引力波通过，便会引起时空变形，一臂的长度会略微变长而另一臂的长度则略微缩短，这样就会造成光程差发生变化，因此激光干涉条纹就会发生相应的变化。不过由于可能的干扰太多，为了排除一些干扰因素，减少不确定性的误差，LIGO 在美国路易斯安那州列文斯顿和华盛顿州

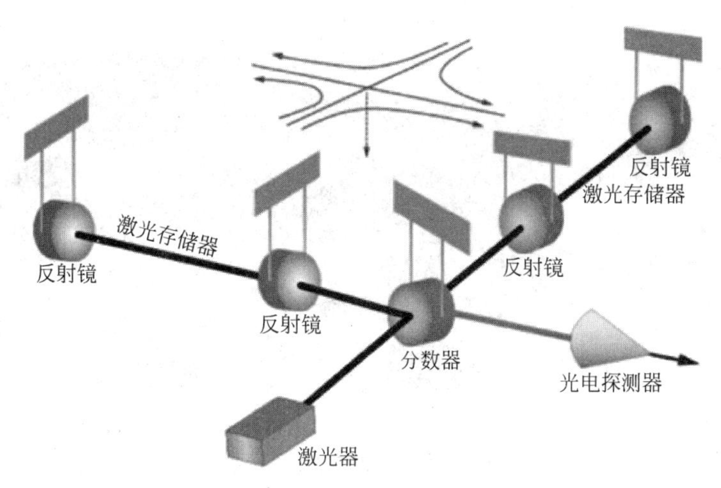

图 10.22 引力波天文台原理

汉福德同时分别安置了两部完全相同的仪器，彼此相距 3000km。只有当两个探测器同时检测到相同的信号才有可能是引力波。

经过多年不懈努力，LIGO 科学团队终于在 2015 年 9 月 14 日探测到两个黑洞并合所产生的引力波。之后，在 2015 年 12 月 26 日(见图 10.23)、2016 年 1 月 4 日、2017 年 8 月 14 日分别三次探测到两个黑洞并合所产生的引力波(见图 10.24，图 10.25)，又在 2017 年 8 月 17 日探测到两个中子星合并所产生的引力波事件，这标志着多信使天文学的新纪元已经来临。

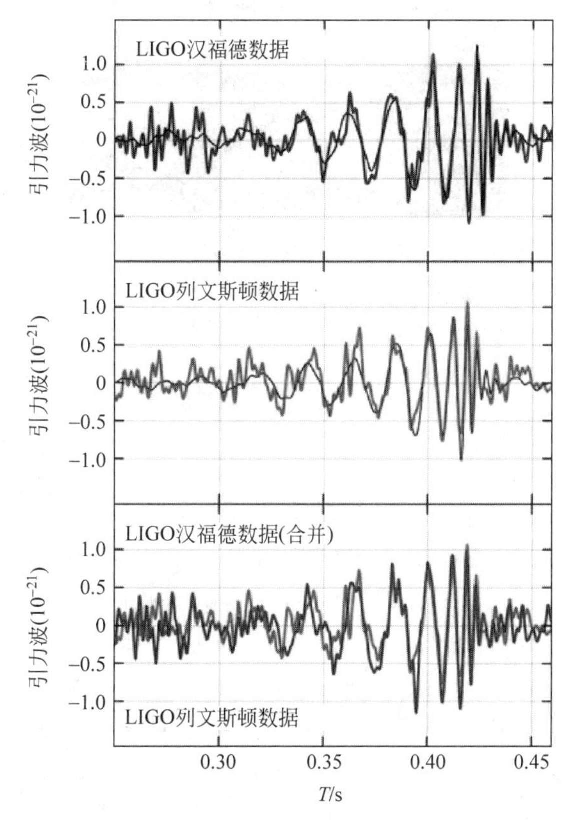

图 10.23 LIGO 观测数据

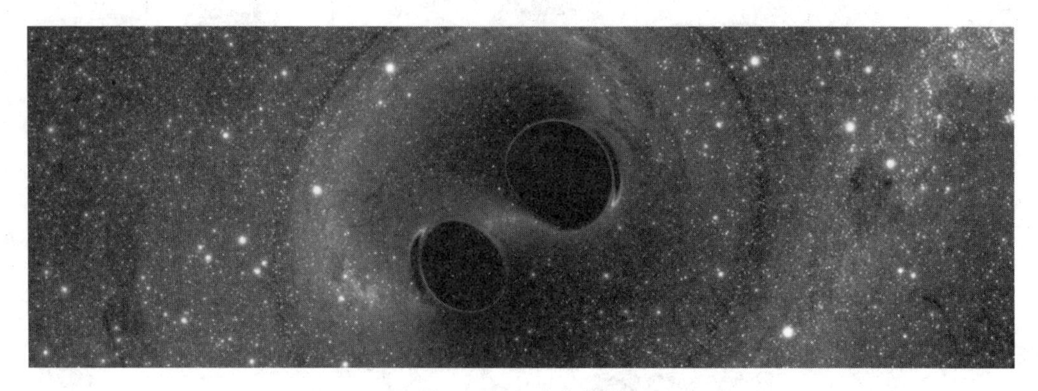

图 10.24　引力事件

注：这个引力波是处于 13 亿光年处的两个黑洞碰撞融合而形成的。两个黑洞的质量大约是太阳质量的 30 倍。其中一个黑洞比另外一个黑洞略微大些。

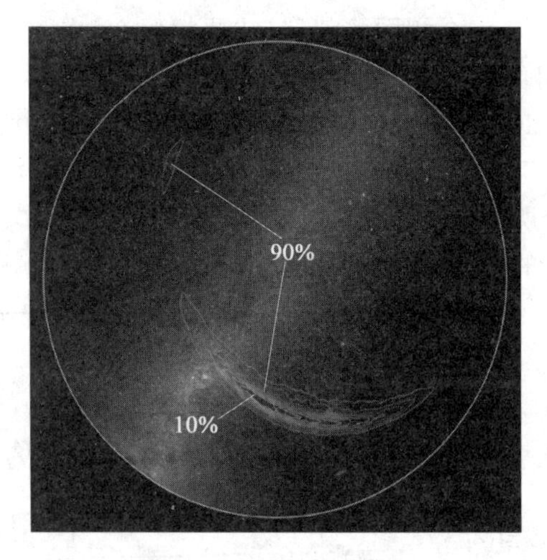

图 10.25　双黑洞的位置

注：不同曲线范围表明了引力波源头的位置出现的可能性的大小。外部曲线的范围代表引力波源出现在这一范围的概率为 90%。最内侧曲线的范围代表了引力波源出现在这一范围的概率为 10%。

10.2　宇宙理论

我们的宇宙来自于什么地方？现在怎么样？将来会怎么样？宇宙大爆炸理论是正确回答这些问题的潜在候选者。想要比较好地理解宇宙大爆炸理论需要了解基本粒子知识，也就是标准模型。标准模型包含费米子及玻色子。费米子为拥有半整数的自旋并遵守泡利不兼容原理（原理指出没有相同的费米子能占有同样的量子态）的粒子；玻色子则拥有整数自旋而并不遵守泡利不兼容原理。例如，费米子是组成物质的粒子，而玻色子则负责传递各种作用力。胶子是强相互作用的媒介粒子，自旋为 1，有 8 种。光子是电磁相互作用的媒介粒子，自旋为 1，只有 1 种。W 及 Z 玻色子是弱相互作用的媒介粒子，自旋为 1，有 3 种。希格斯粒子是引导规范组的自发对称性破缺，亦是惯性质量的源头。标准模型包含了 24 种“味道”(Flavor) 的费米子。组成大部分物质的三种粒子为质子、中子及电子，这当中只有电子是这套理论的基本粒子。质子和中子只是由更基本的夸克受强作用力吸引而组成。因此，在众多的粒子中，能被称为基本粒子的粒子并不多。基本粒子包括夸克和轻子两类。

强子是所有参与强力作用的粒子的总称。它们由夸克组成，已发现的夸克有 6 种，它们是：顶夸克、上夸克、下夸克、奇异夸克、粲夸克和底夸克。其中理论预言顶夸克的存在，2007 年 1 月 30 日发现于美国费米实验室。夸克可以分为三代：

第一代：u(上夸克)d(下夸克)

第二代：s(奇异夸克)c(粲夸克)

第三代：b(底夸克)t(顶夸克)

每种夸克还有相应的反粒子，因此夸克一共有 12 种。每种夸克有 3 种色。现有粒子中绝大部分是强子，质子、中子、π 介子等都属于强子。轻子就是只参与弱力、电磁力和引力作用，而不参与强相互作用的粒子的总称。轻子共有 6 种，包括电子、电子中微子、μ 子、μ 中微子、τ 子、τ 中微子。电子、μ 子和 τ 子是带电的，所有的中微子都不带电，且所有的中微子都存在反粒子；τ 子是 1975 年发现的重要粒子，不参与强作用，属于轻子，但是它的质量很重，是电子的 3600 倍，是质子的 1.8 倍，因此又叫重轻子。轻子也可以分为三代：

第一代：e(电子) ν_e(电子中微子)

第二代：μ(缪子) ν_μ(缪子中微子)

第三代：τ(陶子)μ_τ(陶子中微子)

轻子也有相应的反粒子，因此共 12 种。夸克和轻子都是费米子，共有 24 种。

物质是不断运动和变化的，在变化中也有些东西不变，即守恒。粒子的产生和衰变过程就要遵循能量守恒定律。此外还有其他的守恒定律，例如质量守恒、动量守恒、角动量守恒，以及微观现象中不连续的宇称守恒、电荷守恒，还有重子数守恒、轻子数守恒、奇异数守恒、同位旋守恒等。

宇宙大爆炸理论的观测证据主要有宇宙微波背景辐射和遥远星系的红移。把宇宙看作黑体，也会辐射电磁波，这种辐射称为宇宙微波背景辐射(见图 10.26)。

图 10.26 宇宙微波背景辐射

1965 年阿诺·彭齐亚斯和罗伯特·威尔逊架设了一台喇叭形状的天线。检测这台天线的噪声性能时，在波长为 7.35cm 的地方一直有一个各向同性的信号存在。狄克、皮伯斯、劳尔和威尔金森以《宇宙黑体辐射》为标题发表了一篇论文，对这个发现给出了正确的解释。指出与这个辐射对应的宇宙背景温度为 2.7K。微波背景辐射的最重要特征是具有黑体辐射谱。在 0.3～75cm 波段，可以在地面上直接测到；大于 100cm 的射电波段，银河系本身的超高频辐射掩盖了来自河外空间的辐射，因而不能直接测到；在小于 0.3cm 波段，由于地球大气辐射的干扰，要依靠气球、火箭或卫星等空间探测手段才能测到。从 0.054cm 直到数十厘米波段内的测量表明，背景辐射是温度近于 2.7K 的黑体辐射，习惯称为 3K 背景辐射。为了得到更精确的宇宙微波背景的图谱，1992 年发射了卫星 COBE，2001 年发射了威尔金森各向异性探测器。后来，欧洲发射了普朗克卫星，进一步提高了宇宙微波背景辐射的分辨率。

微波背景辐射是极大的时空范围内的事件，反映了辐射与物质之间的相互作用。由于现今宇宙空间的物质密度极低，辐射与物质的相互作用极小，今天观测到的黑体谱起源于很久以前。宇宙微波背景图是宇宙早期(38 万年)温度涨落遗留的痕迹。宇宙在那个时刻，重子-光子相互作用很强，形成了被称为重子-光子流体的系统。重子和光子在引力势阱中有很强的耦合。当引力势能减小，光子能量增加(蓝移)，温度升高，光压增加，光子-重子组成的流体膨胀。当引力势能增大，光子能量减少(红移)，温度降低，光压减小，重子-光子流体体积缩小，产生类似的声学振荡。由于宇宙膨胀，温度下降，光子最终和重子退耦。光子退耦后，这个振荡的相位被保留下来，表现为温度的涨落。

微波背景辐射的一个特征是具有极高度各向同性。小尺度上的各向同性，在小到几十弧分的范围内，辐射强度的起伏小于 0.2%～0.3%；大尺度上的各向同性，沿天球各个不同方向，辐射强度的涨落小于 0.3%。各向同性说明，在各个不同方向上，在各个相距非常遥远的天区之间，应当存在过相互的联系。通过宇宙微波背景辐射可以了解到现在的宇宙温度为 2.7K，宇宙的年龄为 137 亿年。

哈勃的观测证明宇宙在膨胀，而且在加速膨胀。

1929 年，哈勃利用加利福尼亚威尔逊山上的 1.5m 和 2.5m 天文望远镜对几亿 pc 范围内的星系进行研究。测量来自河外星系的光谱线，发现遥远星系的光谱线比正常的光谱线向波长长的方向移动。红移的大小由红移量 z 表示，定义为

$$z=\frac{\nu_0-\nu}{\nu_0} \tag{10.26}$$

这个红移的产生是因为多普勒效应，即遥远星系正在远离我们的方向上运动，根据红移量可以给出遥远星系的退行速度为

$$V=cz \tag{10.27}$$

如图 10.27 建立坐标系，横轴为星系到我们的距离，纵轴为遥远星系的退行速度。哈勃发现这些星系团相对银河系中心视线方向上的退行速度与星系到银河系中心的距离成正比，可表示为

$$v=Hr \tag{10.28}$$

其中 H 为哈勃常数，单位为 km/(Mpc・s)。利用 X 光高红移群及微波波长的观察，宇宙微波背景辐射各向异性的量度和光学调查皆测定哈勃常数的值为 70(km/s)/Mpc 左右。使用哈勃太空望远镜测定值(72±8)(km/s)/Mpc。使用威尔金森各向异性探测器，2003 年测定值为(71±4)(km/s)/Mpc；2006 年精确度提升至($70.4^{+1.5}_{-1.6}$)(km/s)/Mpc；2008 年数值

是$(71.9^{+2.6}_{-2.7})$(km/s)/Mpc。美国宇航局2009年5月7日发布最新的哈勃常数测定值,根据对遥远星系Ia型超新星的最新测量结果,常数被确定为(74.2±3.6)(km/s)/Mpc。2012年10月3日,天文学家使用斯皮策红外空间望远镜精确计算了哈勃常数,数值结果为(74.3±2.1)(km/s)/Mpc。

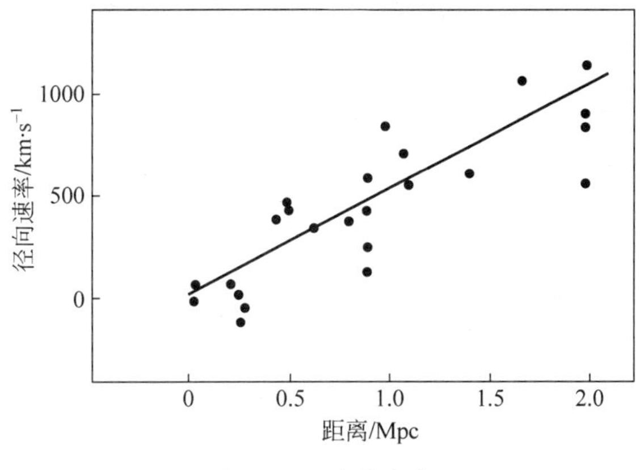

图 10.27 哈勃定律

宇宙从大爆炸时极高温高密的状态通过膨胀冷却到今天经历了一系列物理过程。1948年,俄裔美籍物理学家伽莫夫以弗里德曼膨胀宇宙模型为基础研究宇宙演化的早期,提出了被后人称作宇宙大爆炸的理论。该理论认为,今天宇宙中的星系是由早期均匀气体中的密度起伏在引力不稳定性作用下凝聚而成。宇宙大爆炸的过程可以通过表10.1表示。

表 10.1 宇宙大爆炸的过程

温度/K	能量/eV	时间	时代	物理过程
10^{32}	10^{28}	10^{-44}s	普朗克时代	粒子过程
10^{28}	10^{24}	10^{-36}s	大统一时代	重子不对称性产生
10^{13}	10^{9}	10^{-6}s	强子时代	大量强子过程
10^{11}	10^{7}	10^{-2}s	轻子时代	轻子过程
10^{10}	10^{6}	1s		中微子脱偶
5×10^{9}	5×10^{5}	5s		e^+,e^-湮灭
10^{9}	10^{5}	3min	核合成时代	^{4}He生成
4×10^{3}	0.4	4×10^{5}a	复合时代	中性原子生成 光子脱耦,星系形成
2.7	3×10^{-4}	约10^{10}a	现在	人类进行科学实验

在奇点之前,经典理论已经失效而应代之以量子引力理论。从量纲分析可知,量子引力起显著作用的能量是$E\sim T\sim G^{-1/2}=10^{19}$GeV,称为普朗克能量。与此相应的温度为$10^{32}$K,称为普朗克温度。宇宙开始于普朗克时间,普朗克时间的计算为

$$t_p=\sqrt{\frac{hG}{c^5}}=5.19\times10^{-43}\,\text{s} \tag{10.29}$$

其中h为普朗克常量,c是光速,G为万有引力常数。普朗克时间为$t\sim G^{1/2}=10^{-43}$s,经典

宇宙的膨胀就是由此开始的。图 10.28 表示了宇宙的热历史。

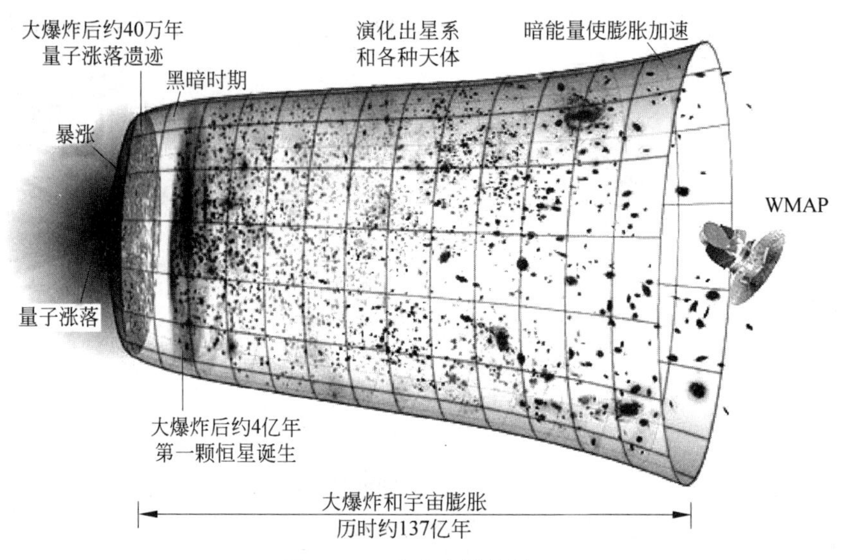

图 10.28 宇宙大爆炸图

1. 早期宇宙

辐射气体的温度 T 同宇宙标度因子 $R(t)$ 成反比。密度 ρ 同宇宙标度因子 R 的 4 次方成反比。T^2 同宇宙时间 t 成反比，即时间每增大两个量级，温度就降低一个量级。如 $t=1\text{s}$ 时的温度 $T=1\text{MeV}$，$t=10^{-6}\text{s}$ 时 $T=1\text{GeV}$。往前追溯，相应的推论是越早宇宙的密度和温度越高。当追溯到 t 趋于 0 时，温度和密度都趋于无穷，这称为宇宙学的奇点疑难。

(1) 量子引力时代($0<t<10^{-44}\text{s}$)

宇宙整体由一个不存在时间和空间的量子状态(“无”状态)，自发跃迁(即所谓“大爆炸”)到具有空间、时间的量子状态。在这个时期，物质场的量子涨落导致时空本身发生量子涨落并不断地膨胀，空间和时间以混沌的方式交织在一起，时空没有连续性和序列性，因而早晚不分、上下莫辨、因果难明、不可测量。此时四种基本力不可区分，是一种统一的力，此时的时空为虚时空。虚时空发生超统一相变，实时空形成，粒子产生，时间和空间可以测量，引力作用首先分化出来，强、弱、电三种力仍不可区分，夸克和轻子可以相互转化。相变点的能量是 $10^{19}\text{GeV}(1\text{GeV}=10^9\text{V})$，温度是 10^{32}K。这一时期，宇宙的温度继续下降，时间继续膨胀，强、弱、电三种力是一种统一的力。

(2) 大统一时代($10^{-36}\text{s}<t<10^{-32}\text{s}$)

当 $t=10^{-36}\text{s}$ 时，温度降至 10^{28}K，发生大统一真空相变。相变过程中释放的巨大能量使时空以指数规律急剧地暴胀，直到 10^{-32}s 最后完成大统一相变。相变后，宇宙的空间尺度增加了 10^{50} 倍，强相互作用从统一的强相互作用、弱相互作用、电磁相互作用中分化出来，夸克与轻子相互独立，大统一时代结束。在这一时期产生的重子数略多于反重子数，因而今天的物质世界是以正物质为主的世界。这里存在一个暴胀时期！这段时期弱、电两种力不可区分。

(3) 夸克-轻子时代(10^{-32}s$<t<10^{-6}$s)

直到$t=10^{-32}$s,温度降至10^{16}K时,发生电、弱统一相变,中间玻色子基本消失,电磁力与弱力成为两种力。

(4) 强子-轻子时代(10^{-6}s$<t<1$s)

$t=10^{-6}$s,温度降至10^{12}K,夸克被禁闭,凝聚成重子和介子;$t=10^{-4}$s,温度降至10^{11}K时,宇宙进入轻子及其反粒子占主要地位的时代,重子中主要只剩下质子和中子。宇宙中的物质成分有电子、正电子、μ子、中微子、τ子、中子、质子。主要特征是粒子间的反应产生了大量的光子和中微子。

2. 辐射时代(1s$<t<2\times10^{5}$a)

当$t=1$s时,温度降为10^{10}K,中子开始衰变为质子,正负电子不断湮灭转化为光子。这时,进入辐射时代。注意辐射的真实含义。

$t=4$s时,中子不再衰变为质子,中子数与质子数之比为1∶7。$t=3$min后,温度降到10^{9}K以下,氦等轻核形成($t=30$min),根据质子、中子比可估算出氦核的质量约为宇宙总质量的1/4(氦丰度),这与今天的观测结果十分接近。$t=2\times10^{5}$a时,温度降至4000K,物质密度与辐射密度基本相等,自由电子开始被原子核俘获,形成稳定的原子(主要是轻元素)。光子能量不足以与原子体系作用,辐射脱耦,宇宙变得透明,进入以物质为主的原子时代。当时宇宙的温度可以这样估算,以氢原子为例,质子俘获一个电子需要放出结合能约13.6eV。因此打碎一个原子也就需要13.6eV。因此

$$KT \approx 13.6\text{eV}$$

也就是

$$T \approx \frac{13.6\times1.602\times10^{-19}\text{K}}{1.38\times10^{-23}} \approx 10^{5}\text{K}$$

再考虑到高能光子的分布,当宇宙的温度冷却到4000K时,氢原子就可以稳定地存在。我们称之为原子的复合时期。随着宇宙的不断冷却,在宇宙大爆炸后30万年宇宙的温度降低到使得重子-光子流体解耦。温度的起伏被瞬间冻结,形成至今观测到的3K宇宙背景辐射。

3. 物质为主的时期

(1) 星系时代(2×10^{5}a$<t<5\times10^{9}$a)

在这个阶段,宇宙内的实物粒子从等离子气体演化为气状物质。随着宇宙进一步膨胀和温度下降,气状物质被分开,形成原始星系,并进而形成星系团,然后再从中分化出星系。

(2) 恒星时代($t>5\times10^{9}$a)

星系进一步凝聚成亿万颗恒星。恒星的演化动力主要源于引力作用和轻核的骤变所产生的巨大能量。恒星的一生一般经历引力收缩阶段、主序星阶段、红巨星阶段、脉冲星阶段(爆发阶段)和高密阶段(白矮星、中子星、黑洞等)。在恒星演化过程中,又形成了行星和行星系统。我们的银河系大约起源于宇宙时间为100亿年时,太阳系大约起源于距今约50亿年。地球在约47亿年前诞生,它是由原始的太阳星云分馏、坍缩、凝聚而形成的。在星系、恒星和行星的形成过程中,在星体中温度合适的条件下,重元素和各种分子相继形成。

大爆炸宇宙学也存在一些困难,如视界疑难、平直性疑难等,通过对宇宙大爆炸理论进行微调,可以解决以上问题。

视界疑难来自于从宇宙大爆炸正向推导和从现在逆向推导出现的矛盾。首先我们来看一下什么是视界。视界有两种:粒子视界和事件视界。粒子视界是由于宇宙具有有限的年龄,并且光具有有限的速度,因此存在一个极限距离(见图 10.29)。从而可能存在某些过去的事件无法通过光向我们传递信息。视界问题来源于任何信息的传递速度不可能超过光速的前提。对于一个存在有限时间的宇宙而言,这个前提决定了两个具有因果联系的时空区域之间的间隔具有一个上界。

事件视界是由于空间在不断膨胀,并且越遥远的物体退行速度越大,从而导致从我们这里发出的光有可能永远也无法到达那里,是一种时空的曲隔界线(见图 10.30)。视界中任何事件皆无法对视界外的观察者产生影响。在黑洞周围的便是事件视界。在非常巨大的引力影响下,黑洞附近的逃逸速度大于光速,使得任何光线皆不可能从事件视界内部逃脱。根据广义相对论,在远离视界的外部观察者眼中,任何从视界外部接近视界的物件,将需要用无限长的时间到达视界面,其影像会经历无止境逐渐增强的红移;但该物件本身却不会感到任何异常,并会在有限时间之内穿过视界。

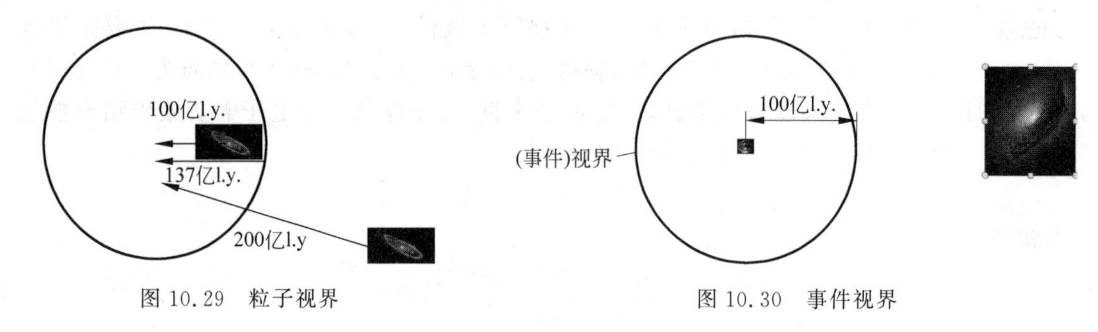

图 10.29 粒子视界

图 10.30 事件视界

一切物理影响或通信都是受光速限制的,所以如果两个星系之间的距离大于视界距离,他们之间是不可能协调行为的。这一情况很难解释为什么我们现在的宇宙是高度各向同性的。按照宇宙大爆炸理论,我们可以做一些估算(见图 10.31)。一方面,设 $t=0$ 时宇宙是同一的。$t=10^{-40}$ s 时可以用光速联系区域尺度为

$$ct = 10^{-32}\ \mathrm{m}$$

另一方面,当今宇宙的年龄 $t_0=10^{18}$ s(约 100 亿 a),宇宙的大小

$$l_0 = 10^{10}\ \mathrm{pc} = 10^{25}\ \mathrm{m}$$

根据物质为主时期时间 t 正比于 $l^{\frac{3}{2}}$,因此

$$\frac{t}{t_0} = \left(\frac{l}{l_0}\right)^{\frac{3}{2}} \tag{10.30}$$

因此可以估算 $t=10^{-40}$ s 时宇宙的大小为

$$l = \left(\frac{t}{t_0}\right)^{\frac{2}{3}} l_0 = 10^{-13}\ \mathrm{m} \gg ct = 10^{-32}\ \mathrm{m} \tag{10.31}$$

在那时的宇宙中已经存在这诸多的没有因果联系的区域(见图 10.32)。因此,当时整个可观察到的宇宙似乎是分成至少 10^{19} 个彼此没有因果联系的区域。同一性难以保证!为什

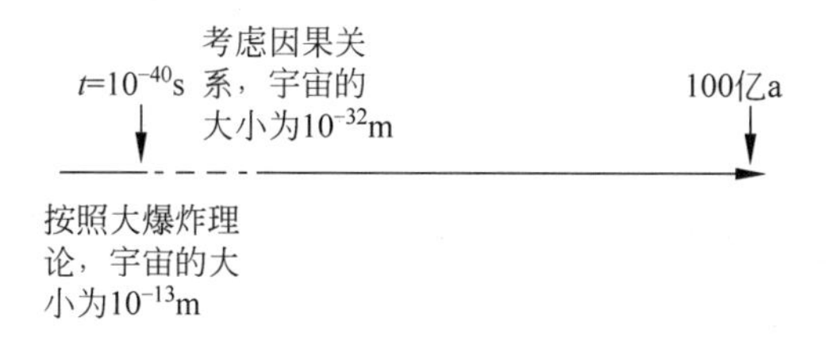

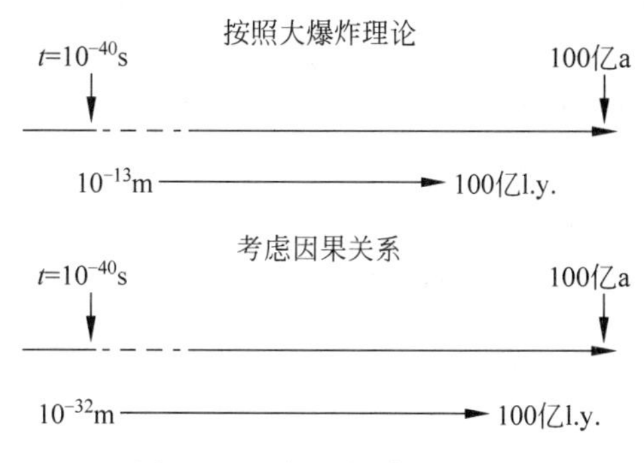

图 10.31　视界疑难的原因

么宇宙这些没有因果联系的区域在结构和行为上这么相似？为什么它们的星系平均大小以及形状都相同？而且为什么它们以同样的速度彼此相离而去？怎样才能解释这种没有联系的协调呢？

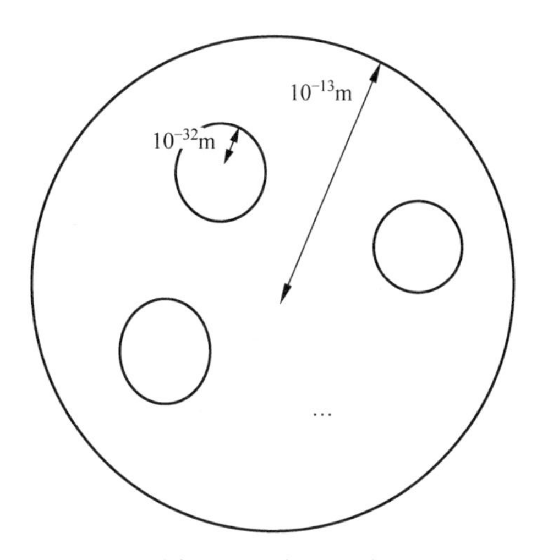

图 10.32　视界疑难

结论只有一个，宇宙在 $10^{-36} \sim 10^{-32}$ s 曾经有一个急剧膨胀的时期，膨胀速度应该比正常膨胀的速度快很多。那是宇宙早期的暴胀时期！麻省理工学院的学者阿伦·固斯提出了“暴胀宇宙模型”，他认为早期的宇宙，大统一时期不是像现在这样以较慢的速率膨胀，而是存在着一个快速膨胀的时期，宇宙的加速度膨胀使其半径在远远小于 1s 的时间里增大了 100 万亿亿亿(10^{30})倍。

习题

1. 牛顿的绝对时空观包括哪些内容？爱因斯坦的时空观与牛顿时空观的区别是什么？
2. 试推导牛顿时空观下的伽利略变换。
3. 狭义相对论中的两个原理是什么？试讨论洛伦兹变换的特点。
4. 试论述狭义相对论的两个重要效应：动尺变短和动钟变缓。
5. 广义相对论中的两个原理是什么？试论述等效原理。
6. 试论述广义相对论的效应。
7. 试论述宇宙微波背景的形成原因。
8. 试说明哈勃定律以及哈勃常数的含义。

第11章 粒子物理与标准模型

粒子物理不断改变着人对世界组成的认识，从认识到分子，到认识到原子，到电子、质子、中子。目前，人们已知的物质的最小组成单元是夸克和轻子。另一方面这些粒子展现出了迷人的对称性，例如夸克可以分为三代，轻子也可以分为三代，宇称对称性，时间反演对称性，电荷共轭对称性。一些对称性与粒子之间的相互转化密切相关，例如轻子数守恒，重子数守恒等。粒子物理中系统性的研究方法也正在被其他物理研究领域所借鉴。无疑，粒子物理是物理研究领域中最为精彩的部分之一。

11.1 粒子物理

人们对于我们这个宇宙由什么组成的这一问题，一直都充满着好奇，也做了不少的探索。近代人们认识到我们的世界是由分子组成的。分子是由原子组成的。原子是由带正电的、重而小的“原子核”和围绕它的带负电的“电子云”组成的。原子核很小、很重、密度很大，曾被人们认为是基本的粒子。后来，人们发现原子核并不基本，是由带正电的质子和不带电的中子组成。人们发现质子和中子并不基本，是由更小的粒子——夸克组成的。目前没有发现夸克的内部结构，认为其是“基本”的粒子。人们一直在寻找粒子，目前已发现200多种粒子，这些粒子绝大多数是复合粒子。基本粒子和基本粒子之间的相互作用可以用标准模型描述。在标准模型中有6种轻子、6种夸克作为基本粒子，是构成世界的基本元素。

除了基本粒子，还存在着传递力的粒子，将这些基本粒子黏合在一起。世界上的一切物质，从星系到山川河流，都是由“轻子”和“夸克”组成的。1964年，Murray Gell-Mann和George Zweig建议用三个基本粒子的不同组合来解释所发现的几百个粒子。Gell-Mann把这三个粒子叫作“Quark”，“Quark”一词来自James Joyce的小说“*Finnegan's Wake*”。不同种类的“夸克”称作不同的“味道”。两个最轻的“夸克”称作“上”(up)和“下”(down)；第三个夸克称为“奇异”(strange)，它组成的粒子“K”粒子具有“奇怪”的长寿命；第四个夸克称作“粲”(Charm)，1974年在斯坦福国家加速器实验室(SLAC)和布鲁克海文国家实验室(BNL)发现；第五个夸克称作“底”(bottom)，1977年在费米实验室发现；第六个夸克称作“顶”(top)，1995年在费米实验室发现。夸克按照他们的能量可以划分为三代(见图11.1)。夸克从不单独存在，他们群居所形成的复合粒子叫“强子”(Hadron)。虽然夸克带有分数电荷，但强子的电荷是整数，虽然夸克带有颜色，但强子没有颜色。强子有两类：重子、介子。轻子(Lepton)包括：电子和电子中微子；μ 子和 μ 中微子；τ 子和 τ 中微子。和夸克相同，轻子也分为三代(见图 11.1)。中微子的特点：不带电荷、色荷，和物质的作用非常弱；绝大多数可以穿过地球，而不和地球的物质发生作用；可以在很多过程中产生，特别是粒子的衰变(正是从粒子的衰变中推断其存在)。由于在宇宙形成的初期中微子大量产生，并且它们和物质的作用很弱，在今天的宇宙中有很多中微子，它们虽然很轻，但因数量众多，所以对宇宙的质量有不可忽视的贡献，影响宇宙的膨胀。

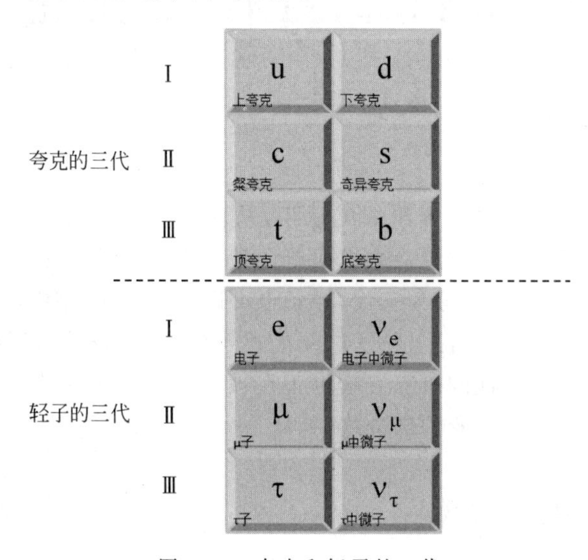

图 11.1 夸克和轻子的三代

对应于每一种“物质粒子”，存在其“反物质粒子”，正反粒子唯一的区别是电荷反号。“粒子”与“反粒子”相遇时，会发生“湮灭”，变成能量。

世界由夸克和轻子组成。把夸克和轻子组合成物质的是四种作用，如太阳吸引地球，两磁铁的吸引或排斥，物质间通过力场发生相互作用，物质无须接触就发生相互作用，而通过交换携带力的粒子完成的，这些粒子是对应的场量子化后的结果。

电磁力：电磁力引起同种电荷相排斥，异种电荷相吸引，日常生活中的很多力(如摩擦力、磁力)都是由电磁力引起。电磁力的携带粒子是光子，不同能量的光子形成了电磁波谱，如 X 射线、可见光和无线电波。光子没有质量，以光速传播。原子含有相同数目的质子和电子，是电中性的，电子和质子的相互作用是电磁相互作用完成的。一个原子中的电子跟另外一个原子中的质子也有电磁相互作用，这种原子间电磁相互作用使不同的原子结合成分子。

强作用力：原子核由质子和中子组成，质子带正电而相互排斥，中子不带电，原子核能稳定存在还要依赖另外一种相互作用，即强相互作用。质子和重子是由夸克组成，夸克带有电荷，还带有色荷(见图 11.2)；带电荷的粒子之间有电磁作用，带色荷的粒子之间有强作用。强作用力使夸克形成强子，携带强作用力的粒子叫胶子(强作用像胶一样把夸克黏在一起)。强作用与电磁作用不同，胶子本身带有色荷，而光子本身不带电荷；强相互作用是四种相互作用中最强的。虽然夸克带色荷，但是它们组成的强子都不带色荷，是色中性的。带色荷的粒子(夸克、胶子)通过交换胶子发生强作用,夸克发射或吸收胶子时改变自身所带的色荷,夸克带色荷,反夸克带反色荷,胶子带一对色荷-反色荷。组成重子的三个夸克分别带有红、绿、蓝色荷,所以是色中性的。

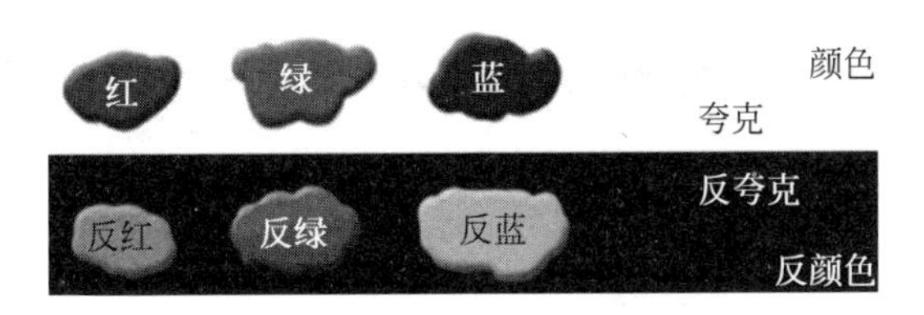

图 11.2　夸克的颜色

组成介子的一对夸克和反夸克分别带有色荷(如红)和反色荷(如反红),所以也是色中性的,色荷在作用过程中是守恒的。带色的粒子不能单独存在,夸克总是和别的夸克囚禁在一起而形成色中性的强子,强子中的夸克疯狂地交换胶子进行强作用,它们存在于由胶子组成的色场中:当胶子场获得足够能量时,就会折断成一对夸克-反夸克。夸克发射或吸收胶子时,本身的色荷要改变,以保证色荷守恒。如带有红色荷的夸克发射了一个带有"红-反蓝"的胶子后,自身的色荷变成了蓝(见图 11.3)。

图 11.3　夸克的发射和吸收

虽然组成原子核的核子(质子和中子)都是色中性的,但是它们之间有强相互作用,这种作用远远超过质子之间的电磁斥力,原子核由此而形成。

弱作用:组成我们的世界虽然有 6 种夸克和 6 种轻子,但我们周围除了 3 种中微子单独存在着外,所有物质都是由最轻的 2 种夸克(u,d)和 1 种最轻的带电轻子(电子)组成。较重的夸克(s,c,b,t)和带电轻子(μ,τ)在宇宙形成的初期就衰变掉了,衰变成了最轻的夸克和轻子。这些衰变(即味道的改变)都是通过弱作用进行的,因此弱相互作用只在一些衰变中体现出来,例如 β 衰变。

$$\mathrm{d} \rightarrow \mathrm{u} + \mathrm{e}^- + \nu_\mathrm{e}$$

这些衰变中携带弱作用粒子的是 W^+, W^-, Z。温伯格(S. Weinberg),格拉肖(S. L. Glashow)和萨拉姆(A. Salam)使用 SU(2)×U(1)对称性把弱作用和电磁作用统一到了一个理论框架中,电磁和弱作用统一的理论称为电弱理论。在非常小尺度(10^{-18}m)或非常大能标(100GeV)情况下,弱作用的强度和电磁作用的强度在同一水平。随着尺度的增加或能标的降低,弱作用将远远弱于电磁作用。弱作用的携带粒子是重达 100GeV 的粒子,是一种短距作用。

引力:是描述引力相互作用的力。虽然它是一种基本的力,标准模型却不能描述它,即引力很难被量子化。如何把它也统一进来是当今物理学的一大难题。引力的携带粒子——引力子,至今未被发现,激光引力波天文台对于引力波的直接观测对于引力子的研究具有重要的影响。

已知的粒子绝大部分都是不稳定的粒子,它们在宇宙形成的初期都曾经存在过,但很快就衰变掉了,要研究粒子物理,就必须产生出这些粒子,并用探测器研究这些粒子的性质。

粒子产生的方法除了在宇宙线中发现还能用对撞机来产生(图 11.4)。粒子探测的工具称为探测器。

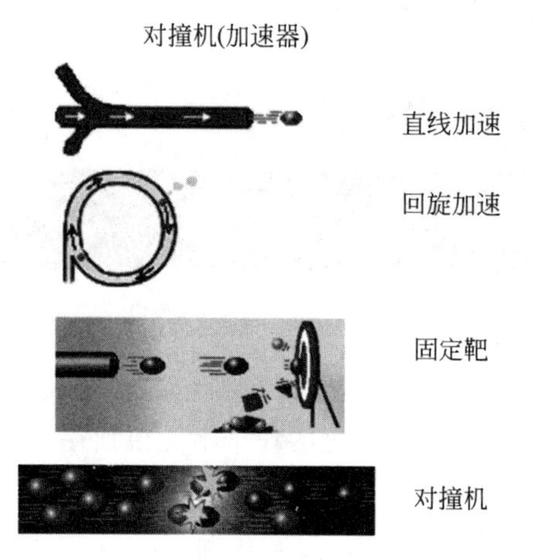

图 11.4 粒子物理的实验手段

当今世界上拥有主要加速器的实验室有：美国费米实验室(Fermilab)；美国斯坦福直线加速器中心(SLAC)；美国布鲁克海文实验室(BNL)；美国康奈尔正负电子储存环(CESR)；瑞士欧洲粒子物理实验室(CERN)；日本高能加速器研究机构(KEK)；德国电子回旋加速器(DESY)；中国高能物理所(IHEP)。

在物理学中对称性的概念是逐步发展的,今天它已具有十分广泛的含义。如果存在一个变换使系统从一个状态变到另一个与之等价的状态,或者说,状态在此变换下是不变的,我们就说这系统对于这个变换是"对称的",而这个变换叫做这系统的一个"对称变换"。最常见的对称变换是时空连续变换：空间变换有平移、转动、镜像反射、标度变换(尺度放大或缩小)等。时间变换有时间平移、时间反演等。除时空变换外,物理学中还涉及到许多其他的对称变换,如置换、规范变换和某些动力学变换等。对称性与守恒定律如图 11.5 所示。

$$\text{对称性}\xrightarrow{\text{对应}}\text{守恒量}\xrightarrow{\text{对应}}\text{守恒定律}$$

图 11.5 对称性与守恒定律

物理学中存在着许多守恒定律,如能量守恒、动量守恒、角动量守恒……这些守恒定律的存在并不是偶然的,它们是物理规律具有各种对称性的结果。

时间平移对称性 —— 能量守恒定律

空间平移对称性 —— 动量守恒定律

粒子物理学中经常用到的三种类型的对称：宇称对称(P)——是指在空间反演(镜像反射)下系统性质不变；电荷对称(C)——是指将粒子换成对应的反粒子,系统的性质不变；时间对称(T)——是指在时间反演(时间倒流)下系统的性质不变。另外,还有对于粒子系统内部的规范变换所带来的对称性(见图 11.6)。

强作用下宇称守恒得到实验证实。最先对宇称对称性提出质疑的是李政道和杨振宁。研究 τ 和 θ 粒子的衰变,它们质量相等,电荷相同,寿命也一样。但它们衰变的产物却不相同,衰变式如下：

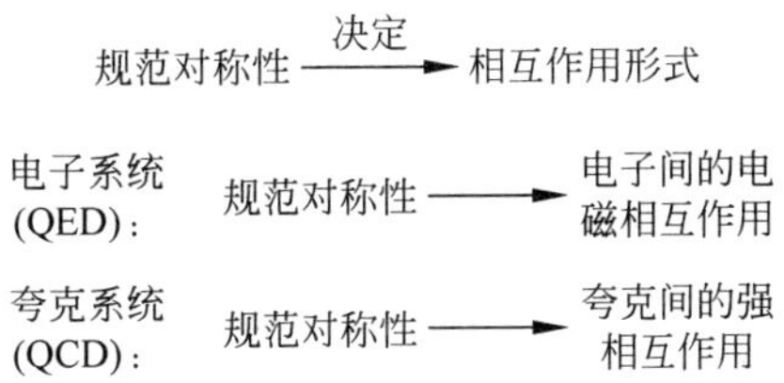

规范对称性 $\xrightarrow{\text{决定}}$ 相互作用形式

电子系统(QED)：　规范对称性 ⟶ 电子间的电磁相互作用

夸克系统(QCD)：　规范对称性 ⟶ 夸克间的强相互作用

图 11.6　对称性与相互作用

$$\tau^+ \to \pi^+ + \pi^+ + \pi^-$$

$$\theta^+ \to \pi^+ + \pi^0$$

1956 年，李政道和杨振宁为解决“θ-τ”难题，提出弱作用中宇称可以不守恒。然而，当时物理学界还是认为，宇称和电荷的对称(CP 对称)不可能同时被打破。几个月后，华人物理学家吴健雄等通过实验证明了这个理论，世界为之震惊。一年后，杨振宁和李政道即因提出弱作用中宇称不守恒获得诺贝尔物理学奖。1964 年，美国科学家詹姆斯·克罗宁和瓦尔·菲奇在这个实验中观察到了在一种陌生粒子的衰变中宇称和电荷对称都被打破了(CP 破环)。这说明自发性破缺早在宇宙形成之初就已经存在。

标准模型中所有粒子的质量都来自于希格斯机制；希格斯粒子在 2015 年已经由欧洲核子中心(LHC)发现，其能量约为 125GeV。希格斯粒子的发现是对标准模型的肯定。基本粒子物理的一个主要目标就是把各种作用力统一起来——大统一理论。爱因斯坦晚年致力于把电磁力和引力统一起来，但没有成功。至今，人们仍在探索大统一理论(图 11.7)。

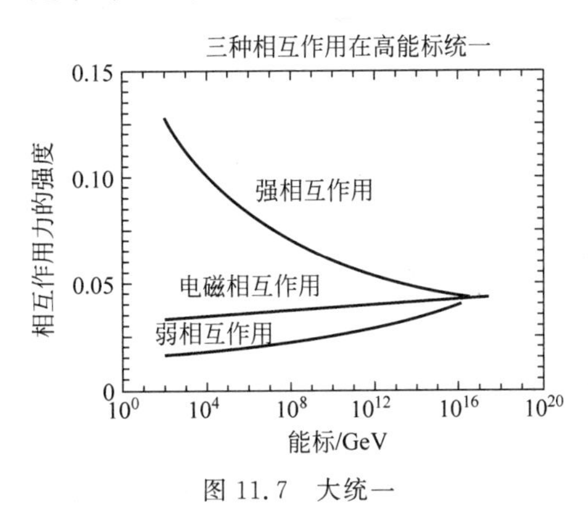

图 11.7　大统一

11.2　欧拉-拉格朗日方程

场论的基本方法主要是给出系统的哈密顿量，然后给出系统的拉格朗日函数，运用欧拉-拉格朗日方程求得运动方程。我们首先从一维粒子的情况入手，给出欧拉-拉格朗日方程。

考虑一个粒子在一维空间运动的情况。假设 $t=0$ 时粒子在 x_1 处，在 t 时刻粒子在 x_2 处，且满足边界条件：

$$x(t_1)=x_1 \tag{11.1}$$

$$x(t_2)=x_2 \tag{11.2}$$

一般地，粒子动能为 $E_k=\frac{1}{2}mv^2$。若粒子处在势能为 $E_p=V(x)$ 的势场中，系统的哈密顿量可以写成

$$H=\frac{1}{2}mv^2+V(x) \tag{11.3}$$

根据上式可以给出系统的拉格朗日函数 $L=L(\dot{x},x)$

$$L=p\cdot\dot{x}-H=\frac{1}{2}mv^2-V(x) \tag{11.4}$$

其中 $\dot{x}=\frac{\mathrm{d}x}{\mathrm{d}t}$。由拉格朗日函数定义系统的作用量：

$$I=\int_1^2 L\,\mathrm{d}t \tag{11.5}$$

对此作用量进行变分，结合最小作用量原理有

$$\delta I=\int_1^2\left[-\frac{\mathrm{d}}{\mathrm{d}t}\left(\frac{\partial L}{\partial\dot{x}}\right)+\frac{\partial L}{\partial x}\right]\delta x\,\mathrm{d}t=0 \tag{11.6}$$

因为对于任意的 δx，式(11.6)都成立，所以式(11.6)的括号内一项必须为0，即

$$\frac{\partial L}{\partial x}-\frac{\mathrm{d}}{\mathrm{d}t}\left(\frac{\partial L}{\partial\dot{x}}\right)=0 \tag{11.7}$$

此式即为粒子在一维空间运动的欧拉-拉格朗日方程。

然后考虑场论的普遍情况。场论中，场的自由度是无穷多的。为了能描述这一质点系系统，我们需要引入拉格朗日密度函数

$$\mathcal{L}=\mathcal{L}(\varphi(x),\partial_\mu\varphi(x),x_\mu) \tag{11.8}$$

其中 φ 是波函数，描述波动。x_μ $(\mu=0,1,2,3)$是时空坐标，代表(t,x)。拉格朗日量 L 与拉格朗日密度函数$\mathcal{L}$满足下式

$$L=\int\mathcal{L}\mathrm{d}x \tag{11.9}$$

由拉格朗日密度函数，推得系统的作用量为

$$I=\int_R\mathcal{L}\mathrm{d}x^2=\int_R\mathcal{L}(\varphi(x),\partial_\mu\varphi(x),x_\mu)\,\mathrm{d}x^2 \tag{11.10}$$

其中 $\mathrm{d}x^2=\mathrm{d}x\,\mathrm{d}t$ 为具有边界的二维时空体积R 的体积元。当坐标 x_μ 作以下微小的变换

$$x'_\mu=x_\mu+\delta x_\mu \tag{11.11}$$

作用量式(11.6)的变化为

$$\delta I=\int_R\mathcal{L}(\varphi'(x'),\partial_\mu\varphi'(x'),x'_\mu)\,\mathrm{d}x'^2-\int_R\mathcal{L}(\varphi(x),\partial_\mu\varphi(x),x_\mu)\,\mathrm{d}x^2=0 \tag{11.12}$$

考虑到式(11.11)，有 $\mathrm{d}x'^2=(1+\partial_\mu(\delta x_\mu))\mathrm{d}x^2$。可得

$$\delta I=\int_R(\delta\mathcal{L}+\mathcal{L}\partial_\mu\delta x_\mu)\,\mathrm{d}x^2=0 \tag{11.13}$$

此处 $\delta\mathcal{L}$为

$$\delta\mathcal{L}=\frac{\partial\mathcal{L}}{\partial\varphi}\delta\varphi+\frac{\partial\mathcal{L}}{\partial(\partial_\mu\varphi)}\delta(\partial_\mu\varphi)+\frac{\partial\mathcal{L}}{\partial x_\mu}\delta x_\mu \tag{11.14}$$

结合式(11.13)和式(11.14),有

$$\delta I=\int_R\left(\frac{\partial \mathcal{L}}{\partial\varphi}\delta\varphi+\frac{\partial \mathcal{L}}{\partial(\partial_\mu\varphi)}\delta(\partial_\mu\varphi)+\partial_\mu(\mathcal{L}\delta x_\mu)\right)\mathrm{d}x^2=0 \tag{11.15}$$

由于

$$\frac{\partial \mathcal{L}}{\partial(\partial_\mu\varphi)}\delta(\partial_\mu\varphi)=\partial_\mu\left[\frac{\partial \mathcal{L}}{\partial(\partial_\mu\varphi)}\delta\varphi\right]-\partial_\mu\left[\frac{\partial \mathcal{L}}{\partial(\partial_\mu\varphi)}\right]\delta\varphi \tag{11.16}$$

式(11.15)变为

$$\delta I=\int_R\left(\frac{\partial \mathcal{L}}{\partial\varphi}-\partial_\mu\left[\frac{\partial \mathcal{L}}{\partial(\partial_\mu\varphi)}\right]\right)\delta\varphi\,\mathrm{d}x^2+\int_{\partial R}\left[\frac{\partial \mathcal{L}}{\partial(\partial_\mu\varphi)}\delta\varphi+\mathcal{L}\delta x_\mu\right]\mathrm{d}\sigma_\mu=0 \tag{11.17}$$

上式第二项来自于斯托克斯公式,∂R 是时空体积 R 的边界。在边界 ∂R 上,有 $\delta\varphi=0$,$\delta x_\mu=0$。因此,欧拉-拉格朗日方程为

$$\frac{\partial \mathcal{L}}{\partial\varphi}-\partial_\mu\left[\frac{\partial \mathcal{L}}{\partial(\partial_\mu\varphi)}\right]=0 \tag{11.18}$$

以上过程可以推广到任意维度,系统的运动方程就是一般情况下的欧拉-拉格朗日运动方程。

11.3　对称性的描述

物理中最重要,也是最优美的事情是研究系统演变下的不变性,这会导致物理量的守恒,这恰恰反映了系统的某种对称性质。例如,时间演化下系统不变性可以导出系统能量的守恒;空间演化下系统不变性可以导出系统的动量守恒;系统的旋转不变性可以导出系统的角动量守恒。研究不变性或者守恒定律是现代物理学的灵魂。在量子场论中,以系统的拉格朗日密度函数为基础,使用诺特(Noether)定理可以对系统的守恒量进行描述。在上一节中,考虑到边界条件 $\delta\varphi=0$,$\delta x_\mu=0$,我们给出了欧拉-拉格朗日方程(11.18)。若在边界上考虑

$$\delta x^\mu=\Delta X^\mu_\nu\delta\omega^\nu,\quad \Delta\varphi=\Phi_\mu\delta\omega^\mu \tag{11.19}$$

其中 $\delta\omega^\mu$ 为无限小的参数,ΔX^μ_ν 为一个变换矩阵,Φ_μ 为矢量。考虑到这样的变换,并将系统推广到四维时空中,那么式(11.17)应为

$$\begin{aligned}\delta I=&\int_R\left(\frac{\partial \mathcal{L}}{\partial\varphi}-\partial_\mu\left[\frac{\partial \mathcal{L}}{\partial(\partial_\mu\varphi)}\right]\right)\delta\varphi\,\mathrm{d}x^4+\\&\int_{\partial R}\left\{\frac{\partial \mathcal{L}}{\partial(\partial_\mu\varphi)}[\delta\varphi+(\partial_\nu\varphi)\delta x^\nu]-\left[\frac{\partial \mathcal{L}}{\partial(\partial_\mu\varphi)}\partial_\nu\varphi-\delta^\mu_\nu\mathcal{L}\right]\delta x^\nu\right\}\mathrm{d}\sigma_\mu\end{aligned} \tag{11.20}$$

考虑到

$$\begin{aligned}\Delta\varphi&=\varphi'(x')-\varphi(x)=\varphi'(x')-\varphi(x')+\varphi(x')-\varphi(x)\\&=\delta\varphi+(\partial_\mu\varphi)\delta x^\mu\end{aligned} \tag{11.21}$$

并定义

$$\theta^\mu_\nu=\frac{\partial \mathcal{L}}{\partial(\partial_\mu\varphi)}\partial_\nu\varphi-\delta^\mu_\nu\mathcal{L} \tag{11.22}$$

最后得到

$$\delta I=\int_R\left(\frac{\partial\mathcal{L}}{\partial\varphi}-\partial_\mu\left[\frac{\partial\mathcal{L}}{\partial(\partial_\mu\varphi)}\right]\right)\delta\varphi\mathrm{d}x^4+\int_{\partial R}\left\{\frac{\partial\mathcal{L}}{\partial(\partial_\mu\varphi)}\Delta\varphi-\theta^\mu_\nu\delta x^\nu\right\}\mathrm{d}\sigma_\mu \tag{11.23}$$

以上作用量在变换式(11.19)作用下,应该是不变的,因此 $\delta I=0$。上式第一项可以给出欧拉-拉格朗日运动方程。为了保证作用量不变,则上式第二项为

$$\int_{\partial R}\left\{\frac{\partial\mathcal{L}}{\partial(\partial_\mu\varphi)}\Delta\varphi-\theta^\mu_\nu\delta x^\nu\right\}\mathrm{d}\sigma_\mu=0 \tag{11.24}$$

考虑到变换式(11.19),得到

$$\int_{\partial R}\left\{\frac{\partial\mathcal{L}}{\partial(\partial_\mu\varphi)}\Phi_\nu-\theta^\mu_\rho X^\rho_\nu\right\}\delta\omega^\nu\mathrm{d}\sigma_\mu=0 \tag{11.25}$$

定义守恒流为

$$J^\mu_\nu=\frac{\partial\mathcal{L}}{\partial(\partial_\mu\varphi)}\Phi_\nu-\theta^\mu_\rho X^\rho_\nu \tag{11.26}$$

由于参数 $\delta\omega^\nu$ 可以任意选取,考虑到高斯定理,得到

$$\int_{\partial R}J^\mu_\nu\delta\omega^\nu\mathrm{d}\sigma_\mu=\int_R\partial_\mu J^\mu_\nu\delta\omega^\nu\mathrm{d}^4x=0 \tag{11.27}$$

因此,有守恒流满足

$$\partial_\mu J^\mu_\nu=0 \tag{11.28}$$

并且由守恒流可以定义守恒荷 Q_V

$$Q_V=\int_{\partial R}J^\mu_\nu\mathrm{d}\sigma_\mu \tag{11.29}$$

如果我们选择一个类空的边界,此式也可写为

$$Q_V=\int_V J^0_\nu\mathrm{d}\sigma_0=\int_V J^0_\nu\mathrm{d}x^3 \tag{11.30}$$

式(11.28)对四维体积积分,得到

$$\int_R\partial_\mu J^\mu_\nu\mathrm{d}x^4=0 \tag{11.31}$$

考虑任意时刻的状态,有

$$\int_R\partial_\mu J^\mu_\nu\mathrm{d}x^3\mathrm{d}t=\int_R\partial_\mu J^\mu_\nu\mathrm{d}x^3=0 \tag{11.32}$$

因此,可以得到

$$\int_R\partial_0 J^0_\nu\mathrm{d}x^3+\int_R\partial_i J^i_\nu\mathrm{d}x^3=0 \tag{11.33}$$

使用高斯积分定理,上式第二项可以转化为边界积分。由于守恒的要求,进入边界的流和流出边界的流应为零,也就是第二项为零。由此得到

$$\int_R\partial_0 J^0_\nu\mathrm{d}x^3=0 \tag{11.34}$$

也就是

$$\frac{\mathrm{d}Q_V}{\mathrm{d}t}=0 \tag{11.35}$$

此即诺特定理。

下面我们给出一个特例,考虑时间、空间平移的不变性。首先给出变换关系

$$\Delta x^\mu=\varepsilon^\mu,\quad \Delta\varphi=0 \tag{11.36}$$

也可以写为

$$X^{\mu}_{\nu}=\delta^{\mu}_{\nu}, \quad \Phi_{\nu}=0 \tag{11.37}$$

由式(11.26)可得

$$J^{\mu}_{\nu}=-\theta^{\mu}_{\rho}\delta^{\rho}_{\nu}=-\theta^{\mu}_{\nu}=-\left[\frac{\partial \mathcal{L}}{\partial(\partial_{\mu}\varphi)}\partial_{\nu}\varphi-\delta^{\mu}_{\nu}\mathcal{L}\right] \tag{11.38}$$

因此式(11.34)为

$$\frac{\mathrm{d}}{\mathrm{d}t}\int_{R}\theta^{0}_{\nu}\mathrm{d}x^{3}=0 \tag{11.39}$$

由于 $\delta^{0}_{\nu}=\delta^{0}_{0}$,因此

$$\int_{R}\left(\frac{\partial \mathcal{L}}{\partial(\partial_{0}\varphi)}\partial_{0}\varphi-\mathcal{L}\right)\mathrm{d}x^{3}=\mathrm{Const.} \tag{11.40}$$

上式括号里的正是系统的哈密顿量,这说明系统的能量是守恒的。若取 θ^{0}_{i},此时 $\delta^{0}_{i}=0$,因此守恒流为 $J^{0}_{i}=-\frac{\partial\mathcal{L}}{\partial(\partial_{0}\varphi)}\partial_{i}\varphi$,式(11.39)变为

$$\frac{\mathrm{d}}{\mathrm{d}t}\int_{R}\theta^{0}_{i}\mathrm{d}x^{3}=0 \tag{11.41}$$

此为动量守恒。

习题

1. 粒子物理标准模型中,如何区分费米子和玻色子?试举例哪些基本粒子是费米子,哪些是玻色子?

2. 自然界的基本相互作用有哪些?这些相互作用有什么特点?传递相互作用的基本粒子有哪些?

3. 试推导欧拉-拉格朗日运动方程。

4. 试推导诺特定理。

参考文献

[1] 周世勋.量子力学教程[M].北京：高等教育出版社，2008.
[2] 曾谨言.量子力学导论[M].北京：北京大学出版社，1998.
[3] 胡瑶光.规范场论[M].上海：华东师范大学出版社，1984.
[4] 段一士.量子场论[M].北京：高等教育出版社，2015.
[5] L. H. Ryder. Quantum Filed Theory（2nd edition）[M]. London：Cambridge University Press，Cambridge，UK.，1996.
[6] 汪志诚.热力学与统计物理[M].北京：高等教育出版社，2013.
[7] 张礼.近代物理学进展[M].2 版.北京：清华大学出版社，2009.
[8] 郭硕鸿.电动力学[M].北京：高等教育出版社，1997.
[9] 泡利.相对论[M]. 凌德洪，周万生，译. 上海：上海科学技术出版社，1979.
[10] M. A. Nielsen and I. L. Chuang.量子计算和量子信息[M].北京：清华大学出版社，2004.